GLEISE · WEICHEN OBERLEITUNG

von Gernot Balcke

Copyright	© 1988. Alba Publikation Alf Teloeken GmbH + Co. KG, Düsseldorf. Das Werk einschließlich aller seiner Teile ist urheberrechtlich geschützt. Jede Verwertung außerhalb der engen Grenzen des Urheberrechtsgesetzes ist ohne Zustimmung des Verlages unzulässig und strafbar. Das gilt insbesondere für Vervielfältigungen, Übersetzungen, Mikroverfilmungen und die Einspeicherung und Verarbeitung in elektronischen Systemen.
Erschienen	März 1988
Einbandgestaltung	Karlheinz Hartung, Düsseldorf
Titelfoto	Klaus Spörle, Düsseldorf
Abbildungen	soweit nicht angegeben, vom Verfasser
Layout	Susanne Kreitzberg, Solingen
Herstellung	L. N. Schaffrath, Geldern
ISBN	3-87094-557-5

Inhalt

Vorwort

Das A und O einer Modellbahnanlage ist die richtige und betriebssichere Gleisanlage. Wenn nicht alle Fahrzeuge pannensicher über eine solide Gleisanlage rollen können, wird die Modellbahn schnell zum Alptraum und der Frust hält seinen unerwünschten Einzug. Und das ist doch schließlich nicht im Sinn unseres Hobbys. Die Wahl des Gleissystems gehört zu den ersten Entscheidungen, die der Modellbahner zu treffen hat. Die hierbei möglichen Fehler „verfolgen" ihn auf Jahre und lassen sich im nachhinein kaum mehr korrigieren. Diese weitreichende Entscheidung richtig und vernünftig zu treffen ist ein Hauptanliegen der vorliegenden Veröffentlichung, die den derzeit aktuellen Stand erstmals in komprimierter Form darstellt.

Dieser längst fällige Band über die „Fahrwege der Modellbahn" zeigt Lösungsmöglichkeiten auf – aber auch Schwierigkeiten –, die bei der Wahl der auf die individuellen Bedürfnisse und Wünsche zugeschnittenen Gleisanlage zur Debatte stehen. Sie werden viel Neues erfahren, aber Sie werden sich auch von manchen Illusionen trennen müssen. Wenn Sie nach der Lektüre dieses ganz auf die Praxis ausgerichteten Bandes sagen können: „So mache ich's!" (und ich glaube, daß Sie dann diese Entscheidung leichter treffen können), so hat dieser Band seinen Sinn erfüllt.

Ich wünsche Ihnen gute Fahrt auf betriebssicheren Gleisen und Weichen und – für Ellok-Fans – sichere Fahrt unter dem Fahrdraht.

Gernot Balcke

Redaktionsschluß: Januar 1988

1
Die Ansprüche

In diesem Kapitel geht's eigentlich noch gar nicht so recht „zur Sache". Dennoch ist es wichtig, weil Sie sich jetzt – vor der konkreten Planung – über Ihre Möglichkeiten zum Thema Gleisbau klar werden müssen. Denn nur der richtige Anfang in den Überlegungen führt letztendlich zu einer auf Dauer befriedigenden Modellbahn-Gleisanlage.

Mit der Vielfalt des Angebots und der miteinander konkurrierenden Fabrikate wachsen – eigentlich unverständlich – auch die Ansprüche der Interessenten und Käufer. Das Vorhandene soll noch besser, noch universeller nutzbar sein und – wenn's geht, bitteschön – auch noch billiger. Dieser Ruf nach „immer mehr und immer besser" ist keineswegs nur auf das inzwischen zur Normalität einer Wohlstandsgesellschaft gewordene Anspruchsdenken zurückzuführen, sondern hat seine Gründe auch in den heute vorhandenen und nutzbaren technischen Möglichkeiten, die ein vor Jahrzehnten kaum erträumtes Maß an Perfektion, Präzision und preiswerter Massenproduktion erlauben. Warum sollte der Modellbahner diese Möglichkeiten nicht auch in seinem, zwar individuellen, aber dennoch weit verbreiteten Hobby verwirklicht sehen können?

Bei Fahrzeugen, Gebäuden und anderen Zubehören ist schließlich ein Fertigungsstandard erreicht, der kurz vor dem technisch und wirtschaftlich noch Vertretbaren liegt. Nur bei den industriell gefertigten Gleissystemen fühlt man sich in mancherlei Hinsicht noch in den „goldenen Fünfzigern" (die wiederum – nicht nur in bezug auf die Modelleisenbahn – gar nicht so „goldig" waren).

Mehr als 40 Jahre der technischen und wirtschaftlichen Entwicklung haben sich auch im Modellbahn-Hobby der Nachkriegszeit deutlich sichtbar als echter Fortschritt niedergeschlagen.

Wer einmal in alten Modellbahn-Zeitschriften blättert, der wird staunen, wovon man damals noch träumte – Dinge, die heute längst zum Modellbahnalltag gehören. Aber er wird auch staunen, daß heute noch digital gesteuerte, vorbildgerecht bis ins Detail nachgebildete Modellfahrzeuge zuweilen über Gleissysteme poltern, die so gut wie nichts mit Vorbildtreue und maßstäblicher Exaktheit gemein haben.

Woran mag das liegen? Waren vielleicht die Konstrukteure der Modellbahn-Firmen unfähig, ordentliche Gleissysteme zu entwerfen und bauen zu lassen oder haben sie den Fahrweg der Modellbahn über den zahllosen anderen bis zur Perfektion getriebenen Neuheiten ganz einfach nur vergessen? Wohl keiner dieser beiden, ein wenig provokativ klingenden Gründe wird zutreffen. Die Ursachen liegen mehr im kaufmännisch-wirtschaftlichen Bereich und in der traditionellen Pflege der jeweils hauseigenen Produkte, mit denen man sich von der „übrigen Welt" glaubte deutlich distanzieren zu müssen.

Das Gleissystem ist für einen Modellbahn-Hersteller mit eines der wichtigsten Produkte in seiner Angebotspalette, denn über die Startpackung wird der Käufer, wenn er dem Hobby treu bleibt, mehr oder weniger an das jeweilige Produkt – und hier vor allem ans Gleissystem – auf Jahre gebunden. Und das garantiert Nachkäufe. „Schienen" sind im Verkaufsprogramm ein Dauerbrenner. Deshalb müssen sie preisgünstig

Wenn Sie sich ausführlich mit dem Bau Ihrer Gleisanlage befassen – diese Broschüre liefert Ihnen dazu die notwendigen Fakten, das Grundwissen und viele praktische Baubeispiele – dann können Sie die Weichen für Ihre Gleisanlage von vornherein richtig und zukunftssicher stellen. Streben Sie beim Gleis- und Weichenbau größtmögliche Betriebssicherheit und Vorbildtreue an und richten Sie Ihre Gedanken „geradeaus", wie diese Vorbildaufnahme (Bf. Velden/Ofr. 1976) symbolisch suggerieren soll

gefertigt werden, damit daran auch noch etwas zu verdienen ist. Andererseits müssen alle für richtigen Betrieb erforderlichen Gleise und Weichenformen angeboten werden, um das Gleissystem verkaufsattraktiv zu gestalten. Das wiederum kostet hohe Investitionssummen in Konstruktion und Fertigung; Extras und spezielle Käuferwünsche bleiben dabei im Hintergrund zurück.

Und nun kommen nach mehr als 40 Jahren Modellbahn-Nachkriegsgeschichte immer mehr engagierte Modellbahner mit der Forderung nach einem betrieblich und optisch gleichermaßen befriedigenden Gleissystem. Der Grund dafür wird von Jahr zu Jahr verständlicher: die Diskrepanz zwischen den exzellenten Fahrzeugmodellen und den zum Teil „prähistorischen" Gleissystemen fällt immer mehr ins Auge. Die Forderung ist also im Prinzip durchaus berechtigt.

Doch um exakt welche Forderung handelt es sich da – was will der Modellbahner denn nun

wirklich? Die Antwort ist einfach: ein Gleissystem, das im Aussehen soweit wie möglich dem Vorbild entspricht, absolut betriebssicher von allen Fahrzeugen der verschiedensten Fabrikate befahrbar ist und dazu – natürlich auch noch preiswert (hier im Sinne von möglichst billig) angeboten wird. Mehr nicht.

Nun, ein vernünftig denkender und rechnender Mensch (sprich: ein Modellbahner, der sein Hobby seit Jahren aktiv betreibt) weiß, daß ein solches Gleissystem wohl kaum jemals realisierbar sein wird – entweder stimmt die Ausführung traurig oder der Preis. Jede machbare Lösung ist letztendlich einem Kompromiß zwischen Wunschdenken und rauher Wirklichkeit entsprungen. Was läßt sich von den Wünschen der Modellbahner dann noch realisieren, was kann die Industrie zu vernünftigen Preisen fertigen und anbieten?

Betriebssicherheit und weitgehend vorbildgerechtes Aussehen – diese beiden Forderungen bleiben unverzichtbar; sie lassen sich auch realisieren. Eine niedrigere Schienenprofilhöhe, in H0 beispielsweise (dem UIC-60-Profil entsprechend) 2,0 bis 2,1 mm als Kompromiß, ein ordentliches Schwellenbett mit Schienenplatten (damit die Profile vorbildgerecht nicht direkt auf den Schwellen aufliegen), Weichen mit einem Herzstückwinkel von maximal 10–12° und vor allem größere Abzweiggleisradien bei den Weichen (nicht unter 60 bis 80 cm in H0), das sind auf Kompromißbereitschaft basierende Wünsche, denen sich die Industrie auf Dauer nicht verschließen sollte.

Wer mehr Vorbildtreue will, muß wohl zu vorgefertigten Bausätzen oder gar zum kompletten Selbstbau greifen; an dieser Tatsache wird sich kaum etwas ändern. Kostenmäßig halten sich fertiges Industriegleismaterial und Selbstbaugleise unterm Strich in etwa die Waage, aber der Selbstbau (auch wenn man Bausatzteile verwendet) erfordert in der Regel ein Vielfaches an Zeit, Geduld und oft auch an bastlerischem Geschick gegenüber dem Verlegen von Fertiggleismaterial.

Als Modellbahner sollte man nicht unbedingt alles selbst bauen wollen, dazu fehlt letztendlich doch meistens die Zeit – doch das merkt man erst zu spät. Man sollte vielmehr versuchen, auf vorhandenem Material aufzubauen, es zu verbessern und seinen Vorstellungen entsprechend in Richtung zu mehr Vorbildlichkeit zu verändern. Mit einem Wort: Man sollte aus vorhandenem das Beste machen. Dies gilt nicht nur für den Fahrzeugpark, für Gebäudebau und Landschaftsgestaltung, sondern – wenn auch in abgewandelter Form – für die Gleisanlage. Der Zeiteinsatz für den reinen Selbstbau wird (auch von erfahrenen Modellbauern) immer wieder unterschätzt.

Wer eine größere Anlage plant, sollte sich von dem Gedanken frei machen, das gesamte Gleis- und Weichenmaterial selbst zu bauen – es sei denn, daß ihn seine Einkünfte nicht zur Arbeit zwingen und ihm demzufolge genügend Zeit zur Verfügung steht. Erbauer kleinerer Anlagen und Dioramen könnten sich jedoch mit diesem Selbstbaugedanken anfreunden, wenn sie ein Optimum an Vorbildtreue suchen, das ihnen die Industrie mit ihrem Gleismaterial nicht in allen Punkten bieten kann.

Nach Lesen der nächsten Kapitel werden Sie noch eine andere Entscheidung treffen müssen: Wie hoch sollen die Schienenprofile sein (s. a. Kapitel 6). Eine Schienenprofilhöhe von unter 2,0 mm (bei H0) bedingt im Normalfall das Auswechseln bzw. Abdrehen der Radsatzspurkränze und ist deshalb nicht nur mit Kosten verbunden, sondern wiederum mit einem hohen zusätzlichen Zeiteinsatz. In diesem Punkt hat die Modellbahn-Industrie seit Jahrzehnten falsch gedacht und große Fehler gemacht. Zu hohe Schienenprofile (H0 = 2,5 mm und höher) mit zu breiten Schienenköpfen lassen die Mehrzahl der heute „gängigen" Gleissysteme zu plump erscheinen.

Röwa (später Conrad) setzte hier erstmals neue, vernünftige Maßstäbe durch ein niedrigeres Profil mit schmalerem Schienenkopf, das in der optischen Wirkung den vielgerühmten „Code 70"-Gleisen (mit nur 1,8 mm Profilhöhe)* nahekam, aber kein Abdrehen der Spurkränze erforderte. Ende 1988 stellt Roco ein komplett neu gestaltetes H0-Schwellenband-Gleissystem mit nur 2,1 mm Profilhöhe und schmalem Schienenkopf vor, das – zumindest in bezug auf die Schienenprofilhöhe – als „besser" bezeichnet werden kann. Auch die Gleisgeometrie mit 10° bzw. 15° ist vernünftig durchdacht und erfordert kaum Ergänzungs- und Ausgleichgleisstücke (s. a. Tabelle in Kap. 4)

Wenn Sie dieses erste Kapitel, in dem es ausschließlich um unsere und Ihre speziellen Wünsche an ein Modellgleissystem ging, aufmerksam gelesen haben, werden Sie die nächsten

---

*) Mit der aus dem Amerikanischen entnommenen Bezeichnung „Code" wird die Schienenprofilhöhe im Modell definiert. Ihr Maß bezieht sich auf Zoll (1 Zoll = 25,4 mm). Die Zahl hinter dem Wort „Code" bedeutet die Anzahl in tausendstel Zoll. Beispiel: Code 100 = 0,1 × 25,4 mm = 2,54 mm Profilhöhe; Code 83 = 0,083 × 25,4 mm = 2,1 mm, Code 75 = 0,075 × 25,4 mm = 1,9 mm und Code 70 = 0,07 × 25,4 mm = 1,8 mm Profilhöhe.

Die drei „Grundkomponenten" des H0-Gleisbaus, zwischen denen Sie sich grundsätzlich entscheiden müssen. Rechts im Bild das 1,8-mm-Schienenprofil, in der Bildmitte das 2,5-mm-Gleis und links das aktuelle 2,1-mm-Gleis, das sich wohl in den nächsten Jahren durchsetzen wird, weil es einen optimalen Kompromiß zwischen vorbildlichem Aussehen und praktikabler Fahrsicherheit darstellt   Foto: Klaus Spörle

Kapitel unter einem ganz anderen Aspekt lesen. Sie werden sich fragen: Wird dieses oder jenes Gleissystem am ehesten meinen Ansprüchen gerecht, habe ich die Zeit und das Geschick, um Gleise und Weichen (oder vielleicht nur die Weichen) selbst zu bauen, soll ich kombinieren zwischen Fertiggleisen, Bausätzen und reinem Selbstbau? Dieses kritische Nachdenken vor Beginn des Anlagenbaus soll geweckt sein, damit Sie nicht das gleiche „Schicksal" erleiden wie so mancher enthusiastische Anlagenbauer vor Ihnen: Frust und Zeitnot nach den ersten Monaten des begeisterten und begeisternden Baubeginns.

Denken Sie daran: Was wollen Sie, und wieviel Zeit haben Sie zur Verwirklichung Ihrer Wünsche und Ideen? Wenn Sie sich vor Baubeginn

Ihrer Anlage realistisch über Ihre Möglichkeiten klar werden können, dann haben Sie praktisch schon halb gewonnen. Ihre Anlage wird in einem überschaubaren Zeitabschnitt den Betrieb aufnehmen können – mit einer Gleisanlage, die Sie auf Jahre zufriedenstellen wird, weil Sie vorher schon gewußt haben, welche Lösung des „Fahrweg-Problems" für Sie die richtige ist.

Nach den Vorüberlegungen in diesem ersten Kapitel sollten Sie im Verlauf des Weiterlesens mit sich zu Rate gehen: Was wollen Sie und wieviel Zeit können und wollen Sie investieren. Entscheiden Sie dann im nächsten Kapitel, wie sich Ihr Gleis „profilieren" soll. Das Vorbild spielt dabei, wie immer, eine wichtige Rolle.

2

Das Vorbild

Natürlich wollen wir uns am Vorbild orientieren – woran sonst? Aber es gibt mehr als nur ein Vorbild für unsere Modellgleise. Die wichtigsten lernen Sie in diesem Kapitel kennen, damit epochengerecht ausgeführte und beschriftete Fahrzeuge auch auf epochengerechten Schienensträngen laufen können.

Sieht man einmal von den unterschiedlichsten Schienen-, Schwellen- und Gleisbettformen der Gründerjahre der Eisenbahnen ab, die hier nur tabellarisch gestreift werden, so bleiben praktisch drei große Bauepochen für normalspurige Eisenbahngleise: die Reichsbahnzeit, die frühen Jahre der DB und die Jetztzeit, die bald in die „schnelle Epoche 5" der Hochgeschwindigkeitszüge münden wird. Sie alle hatten und haben ihre typischen Gleiskörper, Schwellen und Schienenprofile. Der Übergang von der einen in die andere Bauform erfolgte natürlich nicht abrupt (selbst bei den Beschriftungen brauchte es schließlich immer seine Zeit), sondern fließend im Zuge fälliger Instandhaltungsarbeiten oder anläßlich von Neubaustrecken.

Der Fahrweg der Eisenbahn besteht aus dem Unterbau und dem Oberbau. Zum Unterbau gehört die Trassierung des Fahrwegs mit den dazu notwendigen Kunstbauten, wie Dämme, Einschnitte, Brücken, Unter- bzw. Überführungen, Tunnelbauwerke usw. Als Oberbau wird die Gleisbettung (Schotterbett) mit den darauf verlegten Gleisen, Weichen und Kreuzungen bezeichnet.

Das eigentliche Gleis besteht aus Schwellen, Schienenprofilen und dem sogenannten Kleineisen zur Befestigung der Schienen auf den Schwellen. Die Gleise werden nach betrieblichen Gesichtspunkten in Haupt- und Nebengleise eingeordnet. Hauptgleise werden von Zügen in regelmäßigen Abständen befahren. Auf der freien Strecke und deren Fortsetzung in Bahnhöfen werden sie durchgehende Haupt-

gleise genannt. Alle übrigen Gleise gelten als Nebengleise.

Weitere Unterscheidungsmerkmale beruhen auf oberbautechnischen Gesichtspunkten. So gibt es Gleise 1. Ordnung für starken Betrieb, hohe Fahrgeschwindigkeiten und/oder hohe Achsdrücke, Gleise 2. Ordnung für mittleren Betrieb und niedrigere Fahrgeschwindigkeiten sowie Gleise 3. Ordnung ohne Berücksichtigung der Achsdrücke.

Doch nun zum Modellbahner-Reizwort „Schienenprofil". Die Schiene ist die eigentliche „Fahrbahn" für die Räder der Eisenbahn-Fahrzeuge, deren senkrechte und seitliche Kräfte von der Schiene aufgenommen werden müssen. Die Tabelle zeigt Ihnen einige charakteristische Schienenformen der Länderbahnen, der späteren Reichsbahn und der heutigen Bundesbahn mit Querschnitten und Hauptabmessungen, damit Sie den kurzen, aber notwendigen Überblick gewinnen können. Entsprechend informativ sind die zugehörigen Abbildungen von unterschiedlichen Vorbildgleisabschnitten (in deutlich großer Darstellung für den Modellbahner).

Von vorrangigem Interesse für den Modellbahner sind die Profile S49, S54 und S60, letztere nach UIC-Norm (UIC = Union Internationale de chemins de fer → Internationaler Eisenbahnverband). Das über viele Jahre bewährte Regelprofil S49 wurde Mitte der zwanziger Jahre von der damaligen Deutschen Reichsbahn eingeführt und war den seinerzeitigen Achsdrücken von bis zu 25 Tonnen durchaus gewachsen. Nicht zu-

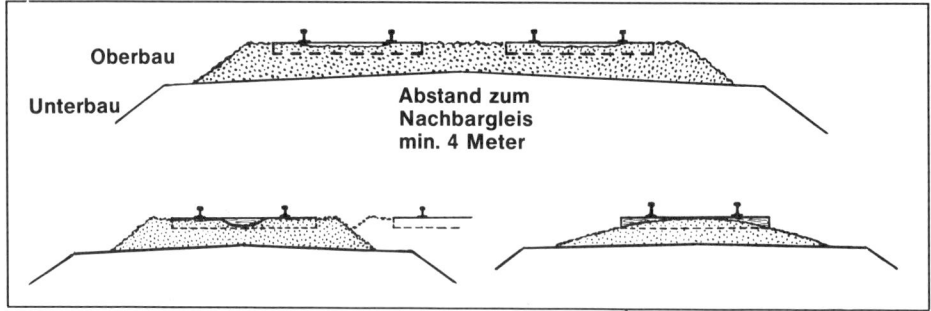

Kein Gleis ist wie das andere: Vorn das recht ungepflegt wirkende Ladegleis (die Schwellen sind praktisch nicht mehr zu erkennen), dahinter zwei Nebengleise und im Bildhintergrund die durchlaufenden Hauptgleise
Foto: B. Wiesmüller

Regelquerschnitte der Gleisbettung. Oben ein Doppelgleisbett in heutiger Ausführung; man beachte: die Schwellen sind fast ganz im Schotter eingebettet, der Schotter bildet eine ebene Oberfläche. Darunter (links) das typische Reichsbahn-Gleisbett mit den charakteristischen Schotter-Vertiefungen zwischen den Schienen und zwischen den Gleisen. Rechts unten der auf uns etwas eigenwillig wirkende Gleisbettquerschnitt, wie er bei amerikanischen Bahnen üblich ist. Der jeweilige Abstand zum Nachbargleis (gemessen von Gleismitte zu Gleismitte) beträgt auf freier Strecke 4,0 m, in Bahnhöfen mindestens 4,5 m; der kleinste zulässige Abstand ist mit 3,5 m festgelegt
Zeichnung: B. Wiesmüller

Oberbau

Unterbau

Abstand zum
Nachbargleis
min. 4 Meter

Ein Gleis 1. Ordnung mit S 54-Profil (entsprechend 1,8 mm Profilhöhe in H0). Man beachte die auch beim Vorbild recht „groß" wirkenden Schienenbefestigungen (das sogenannte „Kleineisen"). Sie können beim Modellgleis Grund zum Auflaufen des Spurkranzes sein
Foto: B. Wiesmüller

letzt die fortschreitende Elektrifizierung brachte höhere Geschwindigkeiten, und auch die durchschnittlichen Achsdrücke nahmen im Lauf der Zeit zu. Also wurden höher belastbare Schienenprofile erforderlich: 1963 führte die Deutsche Bundesbahn das Profil S 54 ein. Diesem folgte dann schon ab 1969 (erforderlich geworden durch weitere Geschwindigkeitserhöhungen und Tagesachslasten auf den Gleisen von über 25 000 Tonnen) das heute übliche Profil S 60 nach UIC-Norm – eine hoch belastbare und günstig zu unterhaltende Schiene.

Noch bis Ende der dreißiger Jahre betrug die Schienenregellänge beim Vorbild 15 m (die Märklin- und Trix-00-Gleise aus den dreißiger Jahren waren mit 18 cm Gleislänge also durchaus vorbildgerecht). Das rhythmische Rattern der Wagen über die Schienenstöße (heute Inbe-

griff der „hörbaren und fühlbaren" Eisenbahnromantik) hat seine Ursache im physikalischen Gesetz der Stahl-Längenausdehnung unter Temperatureinwirkung. Durch die Lücken an den Schienenstößen konnten sich die Profile ausdehnen, ohne die Spur zu verbreitern bzw. zu verengen. Erst in den dreißiger Jahren wurden sogenannte Langschienen (30 m) eingebaut und in langen Tunnelabschnitten sogar schon 60 m lange Schienen.

Ab 1950 begann die Deutsche Bundesbahn, mit Einführung einer neu entwickelten Schienenschweißtechnik die Schienen zu einem stoßfreien lückenlosen Strang zu verbinden – aus Stabilitätsgründen anfangs nur auf schweren Betonschwellen, später aber auch allgemein auf Holzschwellen. Und damit ist für den Modellbahner das Stichwort „Schwelle" gefallen.

Im Bildvordergrund ein Gleis 1. Ordnung mit Schienenprofil UIC 60 (entsprechend 2,0 mm Profilhöhe in H0). Im Vergleich zur größeren Profilhöhe wirkt das Kleineisen deutlich zierlicher   Foto: B. Wiesmüller

Ein Gleis 2. Ordnung. Deutlich zu sehen: der Schienenstoß auf Breitschwelle (Doppelschwelle) nach Reichs-bahn-Oberbau K und die Schotterbettvertiefung in Gleismitte   Foto: B. Wiesmüller

Größerer Schwellenabstand und in der Regel auch ein schlechterer Erhaltungszustand sind die Kennzeichen von Gleisen 3. Ordnung; im Bild ein ziemlich „verwahrlostes" Ladegleis   Foto: B. Wiesmüller

In erster Linie haben die Schwellen die Aufgabe, die vom rollenden Fahrzeug auf die Schienen ausgeübten Kräfte auf die Bettung zu übertragen (der Schotter übernimmt dabei eine stabilisierende und abfedernde Aufgabe). Die zweite, nicht minder wichtige Funktion der Schwellen besteht in der sicheren Verbindung der Schienen und in der Gewährleistung eines gleichmäßigen Abstands zwischen ihnen; diesen (inneren) Abstand nennt man Spurweite.

Weltweit gesehen liegt der größte Teil der Schienen auf Holzschwellen (ca. 90%). Bei den früheren deutschen Länderbahnen und später bei der Deutschen Reichsbahn hielt sich die Verwendung von Holz- und Eisenschwellen praktisch die Waage. Erst der schon vor dem II. Weltkrieg einsetzende Stahlmangel führte ab 1938 zum langsamen Verschwinden der Eisenschwellen.

Die Betonschwelle wurde von der gerade gegründeten Deutschen Bundesbahn ab 1949 eingeführt; doch nur wenige von den insgesamt 37 (!) entwickelten Betonschwellen-Ausführungen erlangten eine größere Bedeutung. Erst die DB-Neubau-Hochgeschwindigkeitsstrecken bringen eine Renaissance der Betonschwellen seit Mitte der achtziger Jahre. Ich will mich kurz fassen – deshalb weiter zum nächsten wichtigen Stichwort für den Modellbahner: der Schwellenabstand. Er beeinflußt in hohem Maß das Erscheinungsbild eines Gleises; gemessen wird er jeweils von Schwellenmitte zu Schwellenmitte.

Bis in die fünfziger Jahre war ein Schwellenabstand von 650 mm vorgeschrieben; bei Nebengleisen betrugen die Abstände sogar noch 800 bis 900 mm. Die heutige Oberbauvorschrift schreibt für Gleise 1. Ordnung 600 mm, für Gleise 2. Ordnung 670 mm und für Gleise 3. Ordnung maximal 800 mm vor. Bei amerikanischen Bahnen liegen die Schwellenabstände (u. a. wegen der höheren Achsdrücke) übrigens zwischen 500 und 550 mm. Auch aus der Sicht des Schwellenabstandes ist demnach der Gleisselbstbau für kompromißlos vorbildbewußte Modellbahner deshalb kein „unnötiger zeitaufwendiger Luxus".

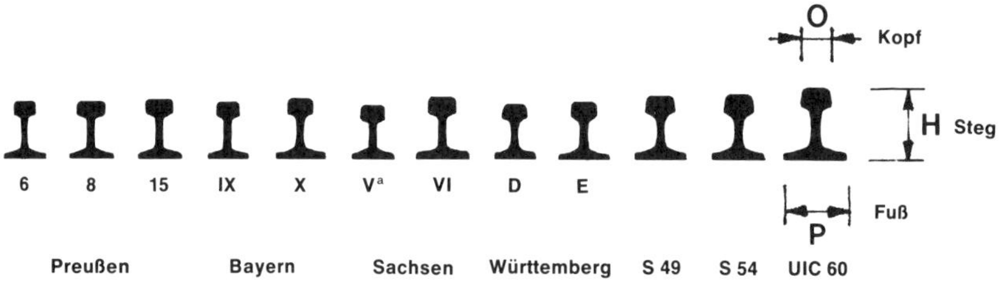

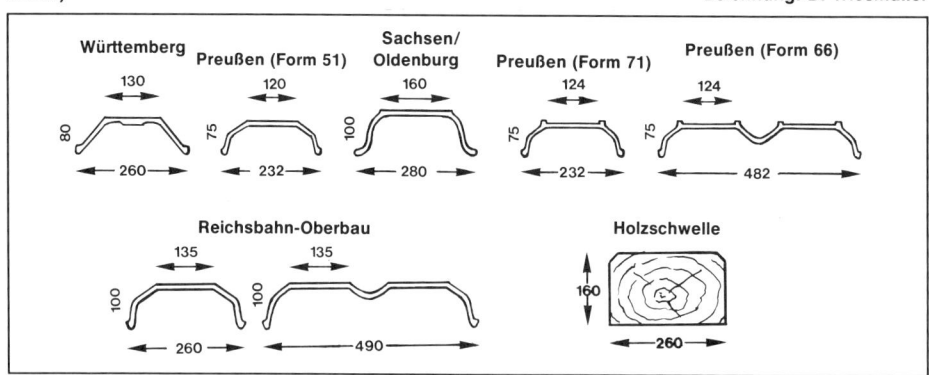

Vorbildschienen im Maßvergleich (Maße in mm)

Schienenform	Schienenkopf-breite O	Profilhöhe H	Schienenfuß-breite P	Profilhöhe im Maßstab		
				1 : 87	1 : 160	1 : 220
Preußen 6	58	134	105	1,5	0,8	0,6
Preußen 8	72	138	110	1,5	0,8	0,6
Preußen 15	72	144	110	1,6	0,9	0,7
Bayern IX	58	135	105	1,5	0,8	0,6
Bayern X	65	140	125	1,5	0,8	0,6
Sachsen Vª	58	130	105	1,5	0,8	0,6
Sachsen VI	66	147	130	1,6	0,9	0,7
Württemberg D	58	130	104	1,5	0,8	0,6
Württemberg E	65	140	125	1,5	0,8	0,6
S 49	67	148	125	1,6	0,9	0,7
S 54	67	154	125	1,8	1,0	0,7
UIC 60	74	172	150	2,0	1,1	0,8

Tabelle und Querschnittskizzen geben einen Überblick über die Vielfalt der bis heute beim Vorbild im Verlauf der letzten 150 Jahre verwendeten Schienenformen. Interessant für den Modellbahner sind in erster Linie (die in der Tabelle durch Fettdruck hervorgehobenen) Profile S 49, S 54 und UIC 60

Vorbild-Eisenschwellen verschiedener Bauformen im Vergleich zur üblichen Holzschwelle (alle Vorbildmaße in mm)   Zeichnung: B. Wiesmüller

Die Verbindung von Schienen und Schwellen wird beim Vorbild aus herstellungstechnischen und kostenmäßigen Erwägungen heraus verständlicherweise lösbar ausgeführt – dazu dient das „Kleineisen". Andererseits müssen Schiene und Schwelle – wegen der bereits erwähnten Kraftübertragung und Einhaltung der genauen Spurweite von 1 435 mm – kraftschlüssig miteinander verbunden sein.

Bei direkter Auflage der Schiene auf der Holzschwelle werden die Holzfasern der Schwelle wegen der geringen Auflagefläche des Schienenfußes bald zerstört. Deshalb kam man schon

Übliche Bundesbahn-Schwellenabstände (von Schwellenmitte zu Schwellenmitte in mm gemessen): links ein Nebengleis, in der Mitte ein Hauptgleis (heute Gleis 2. Ordnung) mit dem von Mitte der zwanziger bis Mitte der fünfziger Jahre üblichen Schwellabstand, rechts der heute übliche Schwellabstand auf DB-Hauptgleisen

Holzschwellen-Abmessungen in mm		1 : 87	1 : 160	1 : 220
Länge	2500 – 2700	28,7 – 31,0	15,6 – 16,9	11,4 – 12,3
Breite	260	3,0	1,6	1,2
Höhe	160	1,9	1,0	0,7

Schwellenabstände in mm		1 : 87	1 : 160	1 : 220
Vorbild		H0	N	Z
600		7	3,7	2,7
650		7,5	4	3
800		9,2	5	3,6

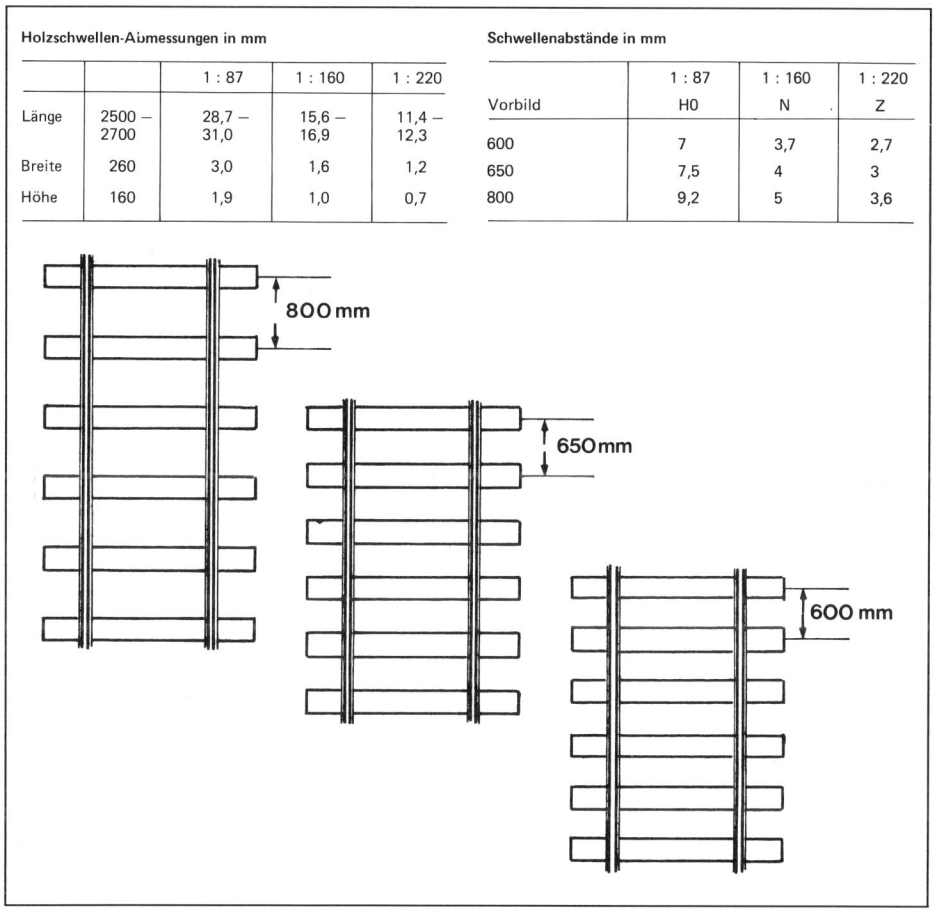

800 mm

650 mm

600 mm

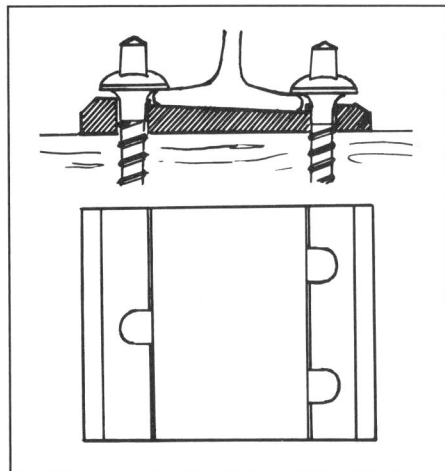

Von Modellbahn-Gleisherstellern (Ausnahme: Peco) generell „vergessen": die (in der Skizze schraffierte) Unterlegplatte zwischen Schienenprofil und Schwelle; hier in der alten Befestigungsart mit Reichsbahn-Schwellenschraube (heute Gleise 3. Ordnung)   Zeichnung: B. Wiesmüller

sehr früh darauf, eine Unterlegplatte dazwischen zu legen (nur die Modellbahn-Gleishersteller haben das Vorhandensein dieser Platte bis heute wohl noch nicht bemerkt).

Die einfachste und älteste, heute noch vorkommende Befestigungsart ist die sogenannte offene Unterlegplatte. Dabei liegt der Schienenfuß frei (und etwas eingelassen) auf dieser Platte; Schiene und Platte sind unmittelbar mit Schwellenschrauben auf der Schwelle befestigt. Höheren Belastungen, wie sie heute an der Tagesordnung sind, ist diese Befestigungsart auf die Dauer jedoch kaum gewachsen. Dagegen stellte die Hakenplatte schon einen Fortschritt dar. Sie hielt die Schienen auf der Innenseite (z. B. Länderbahnen Sachsen und Württemberg) oder auf der Außenseite (Preußen) fest umklammert. Auf der jeweils anderen Seite hielt eine Schraube (ggf. mit Klemmplatte) die Schiene fest. Bis Mitte der zwanziger Jahre war dies die auch auf Hauptbahnen übliche Befestigungsart. Dann folgte im Zuge der Einführung des Einheitsoberbaus (Reichsbahnoberbau K auf Holz- oder Stahlschwellen) die Befestigung mit Rippenplat-

Häufig anzutreffen: die Betonschwelle vom Typ B 58 mit gerader Oberfläche und praktisch gleichmäßigem Querschnitt. Im Modellgleis-Angebot der großen Hersteller findet sich diese Schwellenausführung heute noch recht selten   Foto: B. Wiesmüller

Ebenfalls weit verbreitet ist die Betonschwelle vom Typ B 70 mit erhöhtem Querschnitt unterhalb der Schienenfüße
Foto: B. Wiesmüller

Führungsschienen oder (nur einseitig) Schutzschienen werden u. a. auf Viadukten, Brücken und bei Gleisen, die in unmittelbarer Nähe von Brücken- und Gebäudepfeilern verlaufen, eingebaut. Damit sollen größere Schäden bei eventuellen Entgleisungen verhindert werden
Foto: B. Wiesmüller

Offene Fahrbahnen auf stählernen Brücken werden in der Regel durch profilierte Blechplatten abgedeckt. Hier liegen die fast quadratischen Spezialschwellen in engerem Abstand als auf den normalen Streckenabschnitten   Foto: B. Wiesmüller

ten, Klemmplatten und Hakenschrauben, die sich bis heute bewährt hat.

Ein ganz schönes Durcheinander, werden Sie jetzt sicherlich sagen. Aber: 150 Jahre Eisenbahngeschichte sind eine lange Zeit. Da muß sich doch im Lauf der Jahre nicht nur der Fahrzeugpark ändern, sondern auch das Gleis. Beim Fahrzeugpark hat's die Modellbahn-Industrie auch mitbekommen, daß heute nicht mehr alles so wie früher ist. Schließlich gibt es sowohl den „Adler" als auch den hochmodernen ICE im Modell, aber beim Gleis – ach, lassen wir das erst einmal.

Sie haben nun in kurzen Abrissen gelesen und in tabellarischen Zusammenstellungen gesehen, wie es beim Vorbild ausschaut und wie es demzufolge bei der Modellbahn eigentlich sein müßte. Und Sie haben jetzt konkrete Anhaltspunkte für das Gleissystem, das zu der von Ihnen gewählten Anlagenepoche paßt. Einige Sonderbauformen (z. B. im Bereich von Brücken oder gefährdeten Abschnitten) sind in den jeweiligen Abbildungen näher erläutert.

Sehen Sie sich unter diesen Gesichtspunkten das Industriegleis-Angebot in Kapitel 4 an, sowie in Kapitel 6 das sicherlich besonders interessante Bausatz- und Einzelteile-Angebot für den Gleisbau. Sie werden zurechtkommen – unter Umständen aber mit viel Zeit- und Bauaufwand, wenn Sie das entsprechende Vorbildgleis genau im Modell nachbilden wollen. Sie können sich aber auch für einen tragbaren Kompromiß entscheiden. Die Fakten finden Sie hier – die Entscheidung liegt bei Ihnen.

Das Vorbild ist nicht immer leicht zu kopieren, vor allem dann nicht, wenn sich Gleishersteller jahrzehntelang über Fakten hinwegsetzen und aus falsch verstandenem Wirtschaftlichkeitsdenken mit groben Mängeln behaftete Gleissysteme anbieten. In diesem Kapitel sind Ihnen die Vorbildgleise mit allen wichtigen Maßen gezeigt worden, als Entscheidungshilfe für die richtige Wahl des Gleissystems, das Sie unter Umständen selbst bauen müssen.

3

Die NEM-Normen

Die europäische Modellbahn-Dachorganisation „Morop" hat alle Maße rund ums Gleis und um den Radsatz genormt, mit dem Ziel einer europaweiten Vereinheitlichung und Kompatibilität der verschiedenen Fabrikate. Warum das in der Praxis noch nicht zufriedenstellend funktioniert und was zu tun ist, lesen Sie hier.

Wenn in diesem Kapitel ausschließlich über die NEM (Normen Europäischer Modellbahnen) die Rede ist und nicht über die US-Normen NMRA, so liegt dies nicht nur am beschränkten Platz für dieses Thema im Rahmen eines Buches, das in erster Linie praxisbezogen sein will. Die komplette Normblattsammlung (auch NMRA) finden Sie im AMP-Spezialband „Modellbahn – Daten und Normen" (Alba-Verlag).

Die technische Entwicklung unserer Modellbahnen hat den „neidvollen Blick nach drüben" inzwischen an Bedeutung verlieren lassen. Die USA-Normen sind auch auf dem Gleisbausektor kein notwendiges Vorbild mehr, zumal sich die Vorbildgegebenheiten dort doch deutlich von denen unserer kontinentalen europäischen Eisenbahnen unterscheiden (u.a. durch Gleisbettform, Schwellenlage und Einsatz von fast ausschließlich Drehgestell-Fahrzeugen). Die „NMRA Standards" (die verbindliche Norm, im Gegensatz zu den Empfehlungen der „Recommended Practics") weisen im übrigen eigentlich als deutlichen positiven Unterschied lediglich die vergleichsweise geringe Spurkranzhöhe von 0,88 mm in H0 auf; bei den RP (= Recommended Practics) geht sie sogar auf 0,64 mm herunter. Doch wer glaubt, daß US-Modellbahner ihre Fahrzeuge ausschließlich auf RP-25-Radsätzen über nur 1,8 mm hohe Schienenprofile schicken, der irrt gewaltig.

Es ist ähnlich wie bei uns. Ein gewisser Prozentsatz von Modellbahnern versucht, mit dem angebotenen Material das bestmögliche Ergebnis zu erreichen; die Mehrzahl wartet auf serienmäßige Verbesserungen an handelsüblichen Fabrikaten. Denn nur Serienprodukte können die Entwicklung der Modellbahn nachhaltig beeinflussen.

Die Normen Europäischer Modellbahnen (NEM) faßten zu einem Zeitpunkt Fuß, als die Mini-Bahnen noch mehr Spielzeug als vorbildgerechte Modelle waren. Man orientierte sich zunächst an vorhandenen Industrieprodukten, um überhaupt das Interesse der Hersteller an einer Normung zu wecken und gewisse Anfangs-Achtungserfolge zu erzielen. Zulässige Toleranzen waren - aus der Sicht eines Technikers - geradezu „tränentreibend" hoch, so daß letztendlich die angestrebte Kompatibilität der Produkte mehr ein Wunschtraum für die fernere Zukunft blieb.

In den letzten Jahren hat sich vieles geändert. Die NEM sind „salonfähiger" geworden und ihre Empfehlungen und verbindlichen Normen werden, dank der Mitarbeit der Hersteller und des Engagements der Fachpresse, ernster genommen. Dennoch ist es heute ein schlechter Witz, daß die verbindliche Norm NEM 120 für die H0-Schienenprofilhöhe beispielsweise sowohl das Maß $2,0^{+0,1}$ mm und $2,5^{+0,2}$ mm angibt. Danach kann praktisch jeder Modellbahngleis-Hersteller in bezug auf die Schienenprofilhöhe mit Fug und Recht behaupten, seine Gleise entsprechen den NEM - ob es sich nun um zierliche 2,1-mm-Profile oder veraltete 2,7-mm-Schienen handelt. Die NEM sanktionieren sie allesamt liebevoll in der „verbindlichen Norm".

Dieses Zugeständnis an Uralt-Schienenprofile von 2,7 mm Höhe darf heute einfach nicht mehr gemacht werden, sonst stellt sich die NEM zumindest in diesem Punkt selbst in Frage.

Wer sich nun die NEM-Normblätter sorgfältig anschaut und sie auf ihren verwertbaren Inhalt sichtet – die wichtigsten für den Bereich Gleis und Radsatz sind auf diesen Seiten wiedergegeben –, sieht sich einer Vielzahl von Maßen und Toleranzwerten gegenüber. Es ,,geht'' praktisch alles, aber es funktioniert in der Praxis kaum etwas ,,gemeinsam''.

Steht man vor der Frage: Was nehme ich denn nun für ein Gleissystem, was ist weitgehend vorbildgerecht und damit zukunftssicher? – so muß die Antwort lauten: In H0 sind es Schienenprofile mit einer Höhe von $2,0^{+0,1}$ mm und einer Schienenkopfbreite von $0,8^{+0,1}$ mm. Auf solchen Profilen fahren (bei entsprechender Nachbildung des ,,Kleineisens'') alle Fahrzeuge mit der heute üblichen Spurkranzhöhe, die zwischen maximal 1,0 und 1,1 mm liegen sollte (die NEM billigt noch 1,2 mm).

Der dazugehörige Radsatz muß ein Innenmaß (innerer Abstand zwischen den Rädern) von 14,3 mm haben. Sind diese Anforderungen erfüllt, so steht einem auf Dauer befriedigenden Betrieb nicht mehr allzu viel im Weg. Probleme werden nur noch im Bereich von Weichen und Kreuzungen auftreten können; doch darüber mehr an anderer Stelle.

Der Vergleich der Normblätter mit dem Angebot der Industrie (s. Kapitel 4) zeigt Ihnen, was heute ,,serienmäßig'' realisiert ist. Sollten Sie auf Grund dieser Vergleiche zum Selbstbau Ihres Gleis- und Weichenmaterials mit Hilfe von Bausatzteilen tendieren, so legen Sie die Toleranzen der NEM im eigenen Interesse eng aus, denn nicht alles, was verbindlich genormt ist, ist auch vernünftig. Aber was Sie auch Ihrer Planung zugrunde legen – halten Sie ,,Ihre'' Maße bei Radsatz und Gleis penibel ein; nur dann ist die solide Grundlage für einen störungsfreien Betrieb gegeben. Die Normen können Ihnen dazu nur Richtwerte anbieten. Nützlich für die Überprüfung aller Maße sind entweder die NMRA-Lehre (zu beziehen über Schuhmacher) oder die NEM-Radsatz/Gleis-Lehre für H0 von Heless.

Die NEM-Normen bieten, vor allem im Bereich der Schienenprofil-Abmessungen, nicht die notwendige klare Entscheidungshilfe bei der Wahl eines vernünftigen Gleissystems. Entscheiden Sie sich deshalb für die kleineren zur Auswahl stehenden Abmessungen, wenn Sie ein möglichst vorbildnahes Gleiskonzept suchen.

Erläuterungen zu den auf den Seiten 23–33 wiedergegebenen NEM-Normblättern, die Gleise, Weichen und Radsätze betreffen (die gesamte Normblattsammlung finden Sie im AMP-Band: ,,Modellbahnen – Daten und Normen''). Die Einhaltung des Lichtraumprofils (NEM 102) kann mit der bei Sommerfeldt erhältlichen Profillehre (nach NEM 102/103) überprüft werden. Im Gleisbogen sollte man sich, auch bei Schmalspurbahnen (NEM 104), am längsten und breitesten Fahrzeug orientieren (s. a. NEM 103).
Das NEM-Blatt 120 (Schienenprofile) ist wenig praktikabel und kaum mehr aktuell, da lediglich zulässige Abweichungen nach oben angegeben sind, die zum Ausnutzen dieser mit rund 8% zulässigen Abweichungen geradezu einladen; dieses Normblatt bedarf der Überarbeitung.
Im Zusammenhang zwischen Herzstücken (NEM 124 und 127) und Radsatz (NEM 310) kommt den Maßen F, F_o und B besondere Bedeutung zu. Ihre einheitliche Einhaltung ist Voraussetzung für einwandfreien Fahrzeuglauf.
Um die derzeit angewandte Praxis geht es in der Werksnormtabelle der Hersteller auf den Seiten 34 und 35

Normen Europäischer Modellbahnen	NEM
Maßstäbe, Nenngrößen, Spurweiten	**010**

Verbindliche Norm	Maße in mm	Ausgabe 1987

1. Diese Norm regelt die Aufteilung und Bezeichnung der Maßstäbe und Spurweiten von Modelleisenbahnen.

2. Der **Verkleinerungsmaßstab** von Modellbahn-Anlagen und -Fahrzeugen wird durch den Begriff **"Nenngröße"** ausgedrückt. Die Nenngröße wird mit Buchstaben bzw. römischen Ziffern bezeichnet (Tabelle 1).

   Die zahlreichen beim Vorbild vorhandenen **Spurweiten** werden für die Nachbildung im Modell zu vier Gruppen zusammengefaßt. Die Nenngrößen-Bezeichnung ohne Zusatzbuchstabe bezieht sich auf die Vorbildspurweiten > 1250, während bei Schmalspurbahnen mit Vorbildspurweiten < 1250 der Nenngrößen-Bezeichnung die Zusatzbuchstaben m, e oder i hinzugefügt werden. Für diese kombinierte Nenngrößen- und Spurweiten-Bezeichnung wird im deutschen Sprachgebrauch der Begriff **"Spur"** verwendet.

   Beispiele: Nachbildung einer Normalspurbahn im Maßstab 1 : 87:
   Nenngröße H0 ("H-Null"), Spur H0 (Spurweite 16,5)

   Nachbildung einer Meterspurbahn im Maßstab 1 : 45:
   Nenngröße 0 ("Null"), Spur 0m (Spurweite 22,5)

Tabelle 1

Maßstab [1)2)]	Modell-meter	Nenngröße	Modellspurweite für abzubildende Spurweiten			
			1250 bis 1700	850 bis < 1250	650 bis < 850	400 bis < 650
1 : 220	4,5	Z	6,5	-	-	-
1 : 160	6,3	N	9	6,5	-	-
1 : 120	8,3	TT	12	9	6,5	-
1 : 87	11,5	H0	16,5	12	9	6,5
1 : 64	15,6	S	22,5	16,5	12	9
1 : 45 [3)]	22,2	0	32	22,5	16,5	12
1 : 43,5 [3)]	23,0					
1 : 32	31,3	I	45	32	22,5	16,5
1 : 22,5	44,4	II	64	45	32	22,5
1 : 16	62,5	III	89	64	45	32
1 : 11	90,9	IV	127	89	64	45
1 : 8	125,0	V	184	127	89	64
1 : 5,5	181,8	VI	260	184	127	89
Zusatzbuchstabe zur Nenngröße:			-	m	e	i

Anmerkungen:
1) Einzelne Funktionsteile können vom Maßstab nach besonderen Festlegungen abweichen, die Gegenstand der einzelnen Normblätter sind.

2) Bei Breitspurbahnen (Vorbildspurweite > 1435) kann der Maßstab vom Verhältnis der Spurweiten ausgerechnet werden. Das gilt insbesondere für Nenngrößen > I.

3) Beide Maßstäbe sind zulässig, jedoch wird in den meisten Ländern jeweils einer dieser Maßstäbe bevorzugt.

3. Die in Tabelle 1 genannten Spurweiten entsprechen folgenden früher in Zoll angegebenen Werten:

mm	32	45	64	89	127	184	260
Zoll	1 1/4	1 3/4	2 1/2	3 1/2	5	7 1/4	10 1/4

4. Neben den in Tabelle 1 aufgeführten Spurweiten werden hauptsächlich für Ausstellungsmodelle auch die Spurweiten 72 und 144 für die Nachbildung von Normalspurfahrzeugen verwendet, die den Dezimalmaßstäben 1 : 20 bzw. 1 : 10 entsprechen.

5. Die in Tabelle 1 aufgeführten Nenngrößen-Bezeichnungen sind größtenteils nicht mit den früher verwendeten identisch. Außerdem wurde früher verschiedentlich nicht das lichte Maß der Spurweite gemessen, sondern der Abstand der Schienenmitten.

   Die Nenngröße H0 wurde bis 1950 mit 00 bezeichnet. Heute ist 00 die in Großbritannien gebräuchliche Bezeichnung für den Maßstab 1 : 76 (Spurweite jedoch 16,5).

   Die früher mit Nenngröße II bezeichnete Spurweite 51, Maßstab 1 : 27, ist nicht mehr gebräuchlich.

6. In angelsächsischen Ländern wird der Maßstab auch im Verhältnis "mm je Fuß" angegeben.
   So bezeichnet beispielsweise
   3,5 mm scale den Maßstab 1 : 87
   4   mm scale den Maßstab 1 : 76
   7   mm scale den Maßstab 1 : 43,5.

7. Zur Auswertung von Zeichnungen, die in einem anderen als dem gewünschten Modellmaßstab gefertigt sind, sind die Maße der Zeichnung mit dem Verhältnis der Maßstäbe zu multiplizieren.

   Beispiel: Zeichnung M 1 : 45
   Modell M 1 : 87   Umrechnungsfaktor = $\dfrac{45}{87}$ = 0,517

Normen Europäischer Modellbahnen

Umgrenzung des lichten Raumes
bei gerader Gleisführung

NEM

102

Verbindliche Norm   Maße in mm   Ausgabe 1979

Diese Norm bestimmt bei Nachbildung von Regel- und Breitspurbahnen [1]) das Umgrenzungsprofil, in das kein fester Gegenstand hineinragen darf [2]), um ein berührungsfreies Verkehren
von Fahrzeugen nach NEM 301 zu gewährleisten.

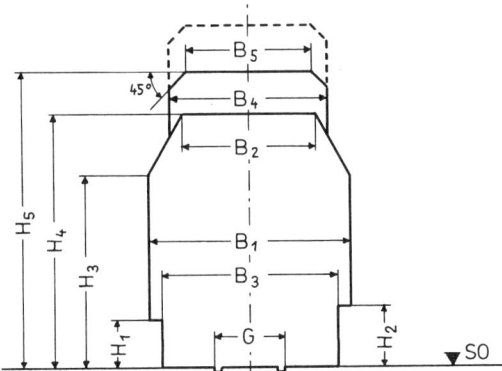

Maßtabelle

Nenn-größe	G	B_1	B_2	B_3	H_1	H_2 [3])	H_3	H_4	bei Fahrleitungsbetrieb [4])		
									B_4	B_5	H_5 [5])
Z	6,5	20	14	18	4	6	18	24	16	13	27
N	9,0	27	18	25	6	8	25	33	22	18	37
TT	12,0	36	24	32	8	10	33	43	28	22	48
H0	16,5	48	32	42	11	14	45	59	38	30	65
S	22,5	66	44	57	15	19	60	78	50	38	87
0	32,0	94	63	82	21	27	85	109	68	52	120
I	45,0	130	87	114	30	38	118	150	93	71	165

Anmerkungen

[1]) Für Breitspurfahrzeuge wird nach NEM 010 die Regelspurweite G zugrundegelegt.

[2]) Funktionselemente und Seitenschienen für Stromspeisung dürfen in den unteren Teil hineinragen.

[3]) Nur für Güterrampengleise.

[4]) Bezüglich Fahrleitungsbetrieb siehe NEM 201 und 202.

[5]) Das Maß H_5 gibt die Begrenzung des lichten Raumes bei tiefster Fahrdrahtlage an. Der Fahrdraht
und seine Halterung dürfen in den oberen Teil hineinragen.

Normen Europäischer Modellbahnen **Umgrenzung des lichten Raumes** **bei Gleisführung im Bogen**	**NEM** **103** Seite 1/2
Verbindliche Norm Maße in mm	Ausgabe 1985

Im Bereich von Gleisbögen ist die Umgrenzung des lichten Raumes nach NEM 102 außer dem Bereich des Stromabnehmers zur Bogen-Außenseite und Bogen-Innenseite hin jeweils um das Maß E in Abhängigkeit vom Bogenradius und dem zu verwendenden rollenden Material zu erweitern.

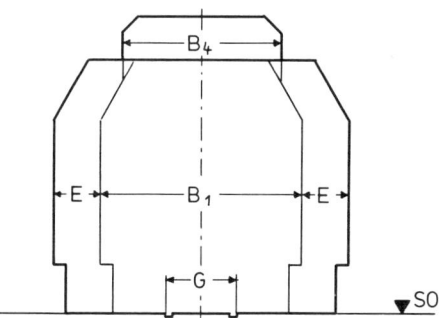

Für die Erweiterung ist der seitliche Ausschlag der Fahrzeuge bestimmend. Den größten seitlichen Ausschlag weisen Drehgestellwagen zur Bogen-Innenseite hin auf. Die Länge des jeweils eingesetzten Drehgestellwagens ist somit ausschlaggebend für die Größe des Maßes E.

Die Drehgestellwagen werden zu diesem Zweck in drei Gruppen unterteilt:

Wagengruppe A
mit bis zu 20,0 m Kastenlänge und 14,0 m Drehzapfenabstand,

Wagengruppe B
mit bis zu 24,2 m Kastenlänge und 17,2 m Drehzapfenabstand,

Wagengruppe C
mit bis zu 27,2 m Kastenlänge und 19,5 m Drehzapfenabstand.

Anmerkung:
Verkürzte Modelle der Wagengruppe C (z.B. bei Nenngröße H0 im Längenmaßstab 1:100) sind ggf. der Wagengruppe B zuzuordnen.

Die **Grenzmaße für die Wagenkastenlänge** entsprechen folgenden Modellmaßen:

Nenngröße ⟶	Z	N	TT	H0	S	0	I
Wagengruppe A	91	125	167	230	313	460	625
Wagengruppe B	110	151	202	278	378	556	756
Wagengruppe C	124	170	227	313	425	625	850

Die Maße für die Erweiterung E sind der Tabelle auf Seite 2 zu entnehmen. Der Wert für die Wagengruppe A soll nach Möglichkeit nicht unterschritten werden, auch wenn keine Drehgestellfahrzeuge vorhanden sind.

Normen Europäischer Modellbahnen	Beiblatt 1
Profillehre für Nenngröße HO	zu NEM 102 / 103

Ausgabe 1984

Mit Hilfe der Profillehre läßt sich die Einhaltung des lichten Raumes sowohl in der Geraden als auch im Gleisbogen überprüfen.

Die Profillehre besteht aus zwei seitlich gegeneinander verschiebbaren Scheiben, die dem Umgrenzungsprofil nach NEM 102 ohne den Raum für Fahrleitungsbetrieb entsprechen. Sie werden durch eine Rändelschraube zusammengehalten.

Die eine der beiden Scheiben besitzt zwei Zapfen zur Arretierung auf dem Gleis. An der oberen Abschrägung ist in Form zweier Kerben das Maß B_4 für Fahrleitungsbetrieb markiert.

Die zweite verschiebbare Scheibe enthält an beiden Außenseiten eine Skala zum Ablesen des Wertes E nach NEM 103.

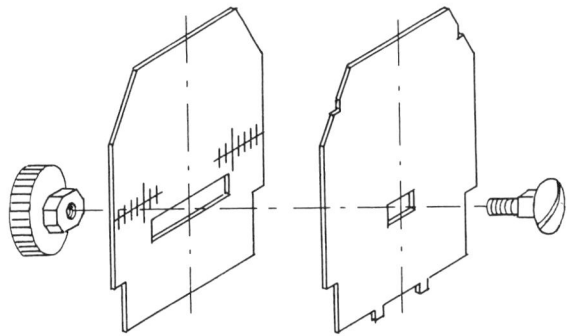

Der Profillehre ist vom Hersteller eine Gebrauchsanleitung beizugeben, aus der die wichtigsten Daten nach NEM 102/103 ersichtlich sind.

Die Profillehre wird von der Firma

ŞOMMERFELDT

7321 HATTENHOFEN

hergestellt und kann unter der Bestell-Nummer 100 über den Modellbahn-Fachhandel bezogen werden.

Normen Europäischer Modellbahnen	NEM
Umgrenzung des lichten Raumes bei **Schmalspurbahnen**	**104**

Empfehlung Maße in mm Ausgabe 1980

Diese Norm bestimmt bei Nachbildung von Schmalspurbahnen mit Spurweiten zwischen 650 und 1250 mm[1]) das Umgrenzungsprofil, in das kein fester Gegenstand hineinragen darf, um ein berührungsfreies Verkehren der Fahrzeuge zu gewährleisten.

Bei elektrischen Bahnen mit Oberleitungsbetrieb ist das Lichtraumprofil entsprechend den Erfordernissen zu erweitern.

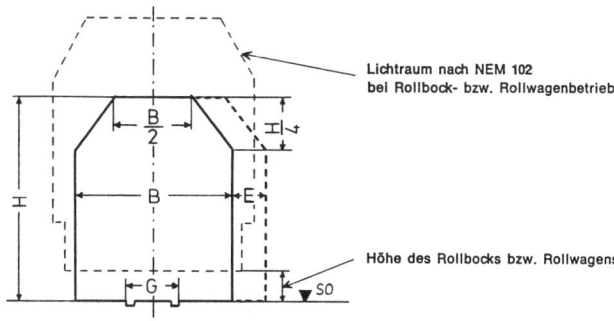

Lichtraum nach NEM 102 bei Rollbock- bzw. Rollwagenbetrieb

Höhe des Rollbocks bzw. Rollwagens

Maßtabellen

Nenngröße	Spurweite	H	B
Nm	6,5	26	22
TTm	9,0	34	28
H0m	12,0	48	38
Sm	16,5	64	52
0m	22,5	90	74
Im	32,0	126	104
II m	45,0	178	146

Nenngröße	Spurweite	H	B
TTe	6,5	32	26
H0e	9,0	46	36
Se	12,0	60	50
0e	16,5	86	70
Ie	22,5	120	98
II e	32,0	170	138

Die Breitenmaße des Lichtraumprofils gelten nur für gerade Gleisführung.

Im Bereich von Gleisbögen ist das Lichtraumprofil zur Bogen-Außenseite und Bogen-Innenseite hin in Abhängigkeit vom Bogenradius und dem verwendeten rollenden Material jeweils um das Maß E zu erweitern.

Das Maß E kann durch Versuche ermittelt oder durch folgende Formel errechnet werden:

Es bedeuten:
E = Erweiterung des Lichtraumprofils
R = Radius des Gleisbogens
A = fester Radstand bzw. Drehzapfenabstand des längsten Fahrzeuges

$$E = R - \sqrt{R^2 - \left(\frac{A}{2}\right)^2}$$

Anmerkung
[1]) Siehe NEM 010, Zusatzzeichen „m" und „e".

Normen Europäischer Modellbahnen	NEM
Überhöhung im Gleisbogen	**114**

| Empfehlung | Maße in mm | Ausgabe 1983 |

1. Zweck und Begriff

Die Überhöhung dient beim Vorbild der Fahrsicherheit der Fahrzeuge im Bogen, indem die durch den Bogenlauf hervorgerufene Seitenbeschleunigung durch die erhöhte Lage der äußeren Schiene um das Maß h gegenüber der inneren Schiene ganz oder teilweise kompensiert wird (Abb. 1).

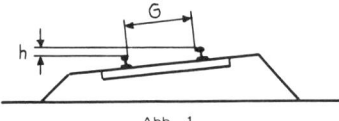

Abb. 1

Im Modellbahnbetrieb ist eine Überhöhung aus fahrdynamischen Gründen nicht notwendig; sie erhöht sogar die Gefahr des Kippens einzelner Fahrzeuge nach innen.

Deswegen soll eine aus optischen Gründen angewandte Überhöhung den Wert $\frac{G}{15}$ nicht überschreiten. Empfohlen wird:

G	6,5	9	12	16,5	22,5	32	45
h_{max}	0,4	0,6	0,8	1	1,5	2	3

2. Darstellung

Im Gleisbogen wird für die innere Schiene die Ebene bzw. Neigung des geraden Gleises beibehalten, während die äußere Schiene um das Maß h gegenüber dem Niveau der inneren Schiene erhöht wird.

Gleisbogen mit Überhöhung sollen mit Übergangsbogen (siehe NEM 113) erstellt werden; die Länge der Überhöhungsrampe soll der Länge des Übergangsbogens entsprechen. Der Anstieg zur Überhöhung wird gleichmäßig über die Länge des Übergangsbogens verteilt (Abb. 2).

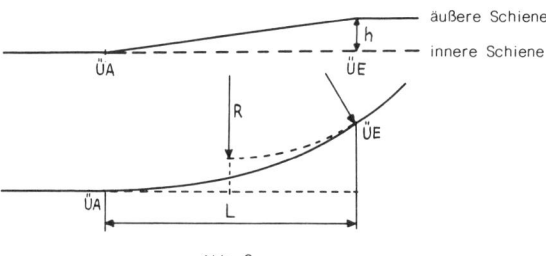

Abb. 2

Normen Europäischer Modellbahnen	NEM
# Schienenprofile und -laschen	**120**

Verbindliche Norm	Maße in mm	Ausgabe 1980

Schienenprofile

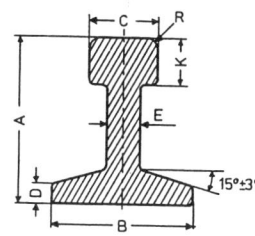

Maßtabelle

A Nennmaß	A zulässige Abweichung	B ¹⁾	C	D	E max	K ¹⁾	R max	vorzugsweise für Spurweite
1,5	+ 0,1	1,3	0,6 + 0,1	0,2	0,4	0,45	0,1	6,5 9
2	+ 0,1	1,9	0,8 + 0,1	0,25	0,5	0,6	0,2	9 12 16,5
2,5	+ 0,2	2,2	1,0 + 0,2	0,3	0,6	0,75	0,3	16,5 22,5
3,5	+ 0,2	3,0	1,5 + 0,2	0,5	0,9	1,1	0,4	32
5	+ 0,2	4,4	2,2 + 0,2	0,7	1,2	1,5	0,5	45

Bei der Schienenbefestigung ist das Maß H' nach NEM 310 zu beachten.

Anmerkung

¹⁾ Dieses Maß gilt als Empfehlung.

Schienenlaschen

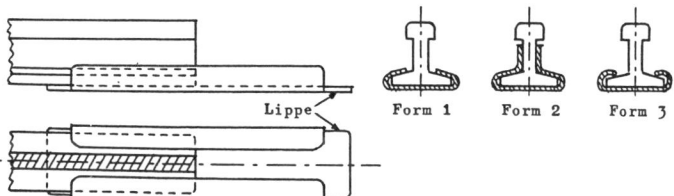

Schienenlaschen können verschiedene Formen haben, die gebräuchlichste ist Form 1. Die Laschen müssen eine sichere mechanische und erforderlichenfalls elektrische Verbindung gewährleisten.

Die Länge der Laschen soll etwa das Vierfache der Schienenhöhe betragen. Ein lippenförmiger Ansatz am Boden der Lasche erleichtert die Einführung des Schienenfußes.

Befestigte Laschen sind jeweils an der linken Schiene (von der Mitte des Gleisstückes aus gesehen) anzubringen.

Normen Europäischer Modellbahnen **Gleis und Bahnkörper** bei Normalspurbahnen	**NEM** **122**

Empfehlung   Maße in mm   Vorschlag Juni 1986

1. Diese Norm enthält für die Nachbildung von Normalspurbahnen Maßangaben für den Querschnitt von Gleis und Bahnkörper

   Bei der Darstellung besonderer Geländeformen, z. B. Felsböschungen oder Stützmauern, kann vom Regelquerschnitt des Bahnkörpers abgewichen werden.

   Für Anschlußflächen von Anlagen-Modulen nach NEM 901 - 915 sind die Maßangaben verbindlich.

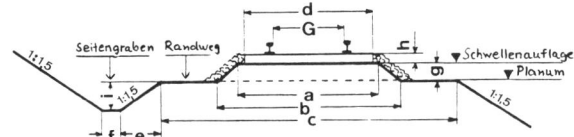

Maßtabelle

Nenngröße	a	b	c	d [1])	e	f	g	h	i
Z	15	16	26	12	4	2	0,5	1,5	2,5
N	19	21	36	16	5	2,5	1	2	3,5
TT	25	32	50	22	6,5	3,5	2,5	2	4,5
H0	33	43	68	30	9	4,5	4	2	6
S	48	60	94	40	13	6,5	5	2,5	8,5
0	68	84	132	58	18	9	6,5	3,5	12
I	94	116	186	82	26	13	9	5	17

Anmerkung [1]): Gilt nur für die Nachbildung von Holzschwellen

2. Bei mehrgleisigen Strecken (Gleisabstände siehe NEM 112) kann ein durchgehendes Schotterbett hergestellt werden; bei nebeneinanderliegenden Bahnhofsgleisen ist ein Zwischenweg in der Höhenlage "Schwellenauflage" darzustellen.

3. Bezüglich der Überhöhung im Gleisbogen siehe NEM 114.

4. Im Randweg können Signale, Oberleitungsmaste usw. aufgestellt werden, doch ist die Freihaltung des lichten Raumes nach NEM 102 und 103 zu beachten.

Normen Europäischer Modellbahnen	NEM
Weichen und Kreuzungen **mit festen Herzstücken**	**124**

Verbindliche Norm   Ausgabe 1984

1. Herzstückbereich

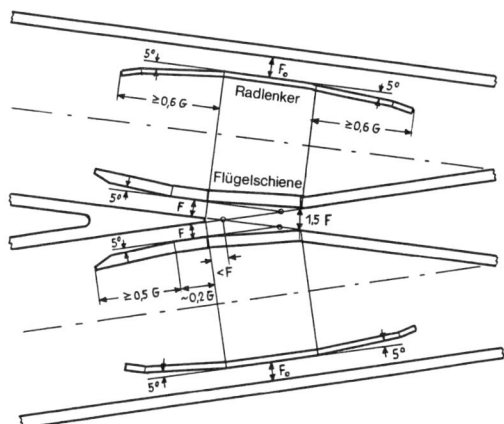

2. Zungenbereich

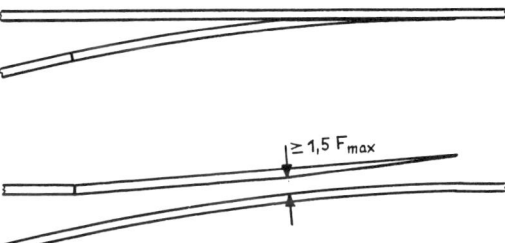

Erläuterungen:

1. Die Maße F, F_o und G sind NEM 310 zu entnehmen.
2. Die Radlenker dürfen nicht über die Schienenoberkante hinausragen.

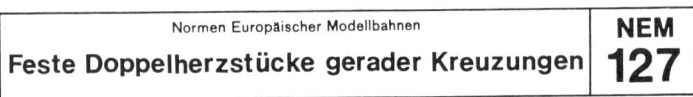

| Normen Europäischer Modellbahnen | NEM |
| Feste Doppelherzstücke gerader Kreuzungen | 127 |

| Verbindliche Norm | Maße in mm | Ausgabe 1980 |

Kreuzungsneigung 1 : x
$x = \cot \alpha$

tatsächliche
Herzstückspitze

$F' \cdot x$

$S \cdot \tan \dfrac{\alpha}{2} \approx \dfrac{S}{2x}$

Radsatz :
(NEM 311)

größte geführte
Länge

Führungslose Länge: $L \approx F' \cdot x - \dfrac{S}{2x}$

Bezüglich der Maße G, C, S und F siehe NEM 310.

Bei Kreuzungen und Kreuzungsweichen sind zur Reduzierung der führungslosen Länge L die Grenzmaße S_{max} und F_{min} anzustreben.

Empfohlene Maße:

Spurweite G (Nennwert)	S_{max} [1]	F_{min} [2]	C_{min} [1]	G [3]	Erläuterungen:
6,5	5,2	0,7	5,9	6,6	S + F = C
9	7,3	0,8	8,1	8,9	F + C = G
12	10,1	0,9	11,0	11,9	(siehe NEM 310)
16,5	14,1	1,1	15,2	16,3	
22,5	19,5	1,4	20,9	22,3	
32	28,0	1,9	29,9	31,8	
45	39,3	2,5	41,8	44,3	

Anmerkungen
[1] Nach NEM 310.
[2] Nach NEM 310 berechnet.
[3] Die Abweichung vom Nennwert ist wegen des geraden Durchlaufs unbedenklich.

Ist die führungslose Länge im Herzstück größer als die tatsächlich geführte Länge des Radsatzes,
besteht die Gefahr des Ausbrechens, vor allem bei Kreuzungswinkeln unter etwa 10°.

Normen Europäischer Modellbahnen

Radsatz und Gleis

NEM 310

| Verbindliche Norm | Maße in mm | Ausgabe 1977 |

Diese Norm ist Grundlage für die Prüfung von Gleisen, Weichen und Kreuzungen einerseits, Rädern und Radsätzen anderseits. Nach NEM hergestellte Modellbahnen müssen dieser Norm entsprechen. Die NMRA-Normen S 3, S 4 und die NMRA-Empfehlung RP 25 wurden soweit wie möglich berücksichtigt.

Die Maße weichen von der maßstäblichen Verkleinerung des Vorbildes im Interesse der Betriebssicherheit ab.

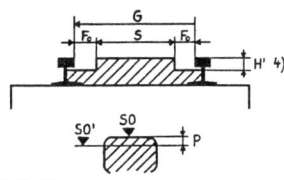
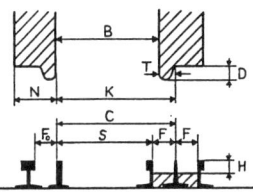

SO = Schienenoberkante
SO' = Meßebene für alle waagrechten Maße dieser Norm

Maßtabelle für	Gleis				Radsatz		Rad				
Spurweite G [1]	C [2]	S	F [3]	H [4]	K	B	N [5]	T		D [6]	P
Nennwert max	min	max	max	min	max	min	min	min	max	max	
6,5 6,8	5,9	5,2	0,75	0,6	5,9	5,25	1,55	0,41	0,46	0,6	0,1
9 9,3	8,1	7,3	1,0	0,9	8,1	7,4	2,2	0,5	0,6	0,9	0,15
12 12,3	11,0	10,1	1,1	1,0	11,0	10,2	2,4	0,6	0,7	1,0	0,20
16,5 16,8	15,2	14,1	1,3	1,2	15,2	14,3	2,8	0,7	0,9	1,2	0,25
22,5 22,8	20,9	19,5	1,6	1,4	20,9	19,8	3,5	0,9	1,1	1,4	0,30
32 32,3	29,9	28,0	2,2	1,6	29,9	28,4	4,7	1,2	1,4	1,6	0,40
45 45,3	41,8	39,3	2,8	2,2	41,8	39,8	5,7	1,5	1,7	2,2	0,50

Anmerkungen

[1] Im geraden Gleis ist der Nennwert anzustreben. Im Gleisbogen ist eine Spurerweiterung zweckmäßig, zum Beispiel, wenn Fahrzeuge mit einem großen Achsabstand verkehren sollen.

[2] Die Begrenzung C_{min} gilt nur im kritischen Bereich des Radlenkers, also zum Beispiel nicht bei Leitschienen, wie sie bei Gleisbögen mit kleinen Halbmessern verwendet werden, oder bei Schutzschienen auf Brücken.

[3] Am Herzstück darf die Begrenzung F_{max} überschritten werden, wenn ein Spurkranzauflauf (Rad läuft auf dem Spurkranz statt auf dem Laufkranz) vorgesehen ist.

$$F_e = \frac{G - S}{2} \quad \text{bzw. am Radlenker:} \quad F_e = G - C$$

Die Einhaltung der maximalen Rillenweite am Herzstück gestattet den gemeinschaftlichen Betrieb mit Rädern, deren Spurkränze eine unterschiedliche Höhe D haben. Werden infolge der Schrägstellung der Radsätze im Rillenbereich Erweiterungen über das angegebene Maß hinaus notwendig oder muß aus dem gleichen Grund der Wert S verkleinert werden, so darf das Minimum der Spurkranzhöhe D nur 0,1 kleiner sein als das Maximum. Die Rillentiefe H_{max} darf dann nur $\geq H_{min} + 0,1$ sein. Gleisstücke mit vergrößerter Rillenweite F sind für Fahrzeuge nach NMRA-Standards nicht geeignet.

[4] H_{min} gilt nur für die Tiefe der Rillen am Herzstück. Im übrigen ist eine Tiefe $H' > 1,3 H$ unter SO einzuhalten. Die Kanten der nichtmetallischen Herzstücke sollen 0,1 unter SO liegen.

[5] Die Radbreite darf kleiner als N_{min} sein, wenn die Bedingungen des Spurkranzauflaufs nach Anmerkg. [3] erfüllt sind und wenn $K + N > G_{max}$ gewählt wird.

[6] Das Maß D kann bis zur maßstäblichen Wiedergabe verkleinert werden, wenn ein Spurkranzauflauf nicht vorgesehen ist.

Werksnormen europäischer Modellbahnhersteller (H0), Maße in mm

Fabrikat	Fleischmann		Liliput	Märklin	Rivarossi	Roco	Roco (neu)
Nenngröße	HO-Modellgleis	HO-Profilgleis	H0	H0	H0	H0	H0
Gleis							
Spurweite (G in NEM 310)	$16,6^{-0,1}$	$16,6^{+0,15}$	*)	$16,7^{-0,1}$	$16,5^{-0,2}$	$16,6^{\pm0,1}$	$16,6^{\pm0,1}$
Rillenbreite im Weichenbogen (F in NEM 310)	$2,0^{-0,2}$	$1,7^{+0,05}$	*)	1,9	1,5	$1,3^{+0,05}$	*)
Rillenbreite in der Geraden (F in NEM 310)	$1,5^{-0,1}$	$1,7^{-0,1}$	*)	1,9	1,5	$1,3^{+0,05}$	*)
Leitwert (über Radlenker) (S in NEM 310)	*)	*)	*)	$12,9^{\pm0,2}$	13	*)	*)
Freie Höhe Schienenprofil	$1,7^{-0,1}$	$1,7^{+0,1}$	*)	$1,8^{-0,1}$	2,7	$1,3^{+0,05}$	$1,3^{+0,05}$
Mittelleiter- (Punktkontakt-) Lage über (+) bzw. unter (−) SO	−	−	−	+0,6/−1,4	−	−	−
Gesamthöhe Schwellen- bzw. Gleiskörper + Schiene (h4)	$4,5^{+0,1}$	$5,5^{+0,1}$	*)	M:11,0 K:5,2	5,3	4,1	4,1
Gleiskörper- (b3) bzw. Schwellenbreite (b1)	30,0 (b1)	26,8 (b1) / 32,0 (b3)	*)	M:37,5 K:30,0	27,0	30,0	30,0
Radsatz							
Lichte Weite zwischen den Rädern (B in NEM 310)	$14,0^{-0,1}$ **)		$14,4^{-0,2}$	$14,0^{+0,1}$	14,4	$14,3^{\pm0,1}$	$14,3^{\pm0,1}$
Spurkranz-Höhe (D in NEM 310)	$1,2^{-0,05}$		$1,2^{(Lok:\ 1,0)}$	$1,35^{+0,05}$	1,0/1,1	1,1	1,1
Spurkranz-Breite (T in NEM 310)	$0,95^{-0,2}$		1,0	$0,9^{+0,1}$	0,8	0,8	0,8
Laufkranz-Breite	$1,85^{+0,2}$		2,0	$2,3^{\pm0,02}$	2,0	2,0	2,0
Achslänge bei Wagen (U in NEM 313/314)	$24,0^{-0,2}$ für 2- + 3-Achser 25,0 für Drehgestelle		$24,9^{-0,1}$	$24,4^{+0,1}$ (Spitzenl.) 25,0…27,4 (Zapfenl.)	24,5 26,0	$24,75^{-0,1}$	$24,75^{-0,1}$
Lagerzapfen-∅ (A in NEM 313) bzw. -Spitzenw. (α in NEM 314)	56°		60°	$1^{-0,1}$ ∅ 55°	60°	60°	60°

*) Keine Angabe vom Hersteller **) bei neuen Modellen auf Normmaß erweitert

Werksnormen europäischer Modellbahnhersteller (N, Z, 0, I, IIm)

Fabrikat	Arnold	Fleischmann	Rivarossi	Roco	Minitrix	LGB	Märklin	Märklin	Rivarossi
Nenngröße	N	N	N	N	N	IIm (G = 1:22,5)	I	Z	0
Gleis									
Spurweite (G in NEM 310)	$9,0^{+0,3}$	$9,3^{-0,2}$	$9,0^{+0,3}$	$9,0^{+0,1}$	$9,0^{+0,3}$	45	$45^{+0,3}$	$6,55^{±0,08}$	32,0
Rillenbreite im Weichenbogen (F in NEM 310)	$1,0^{+0,1}$	$1,6^{-0,1}$	$1,0^{+0,1}$	$1,0^{±0,1}$	$1,0^{+0,2}$	5,3	3,4	$1,1^{-0,05}$	2,1
Rillenbreite in der Geraden (F in NEM 310)	$1,0^{+0,1}$	$1,3^{-0,1}$	$1,0^{+0,1}$	$1,0^{±0,1}$	$1,0^{+0,1}$	5,2	3,4	$1,1^{-0,05}$	2,1
Leitwert (über Radlenker) (S in NEM 310)	$7,0^{+0,1}$	*)	7,0	*)	$7,0^{-0,2}$	38,3	38,2	4,45	*)
Freie Höhe Schienenprofil	$1,15^{+0,05}$	1,3	2,0	0,9	$1,4^{+0,05}$	6,5	3,8	$0,9^{+0,1}$	2,7
Mittelleiter- (Punktkontakt-) Lage über (+) bzw. unter (−) SO	−	−	−	−	−	−	−	−	−
Gesamthöhe Schwellen- bzw. Gleiskörper + Schiene (h_4)	$4,0^{+0,15}$	$4,1^{±0,1}$	3,9	3,8	$3,6^{±0,1}$	$17,0^{+0,05}$	$9^{+0,3}$	$2,6^{+0,2}$	7,0
Gleiskörper- (b_3) bzw. Schwellenbreite (b_1)	16,0	15,5	16,0	16,0	16,0	90,0	80	11,8	58,0
Radsatz									
Lichte Weite zwischen den Rädern (B in NEM 310)	$7,4^{+0,05}$	$7,4^{+0,1}$	7,44	$7,3^{+0,1}$	$7,4^{-0,05}$	Lok: $39,9^{±0,1}$ Wagen: $40,2^{±0,1}$	$39,8^{+0,2}$	$5,25^{+0,2}$	28,4
Spurkranz-Höhe (D in NEM 310)	$0,8^{+0,2}$	$0,8^{-0,05}$	0,85	0,9	0,9	$3,0^{+0,3}$	$2,2^{-0,1}$	$0,6^{-0,05}$	1,45
Spurkranz-Breite (T in NEM 310)	0,6	$0,6^{+0,05}$	0,58	0,65	0,6	$2,1^{±0,1}$	$1,6^{-0,1}$	$0,5^{-0,05}$	1,2
Laufkranz-Breite	1,4	$1,65^{+0,1}$	1,62	1,55	1,6	$4,2^{+0,2}$	4,6	$1,1^{±0,05}$	3,5
Achslänge bei Wagen (U in NEM 313/314)	$14,5^{±0,04}$	$15,1^{-0,1}$	$12,4^{+0,1}$	$13,85^{-0,4}$	$15,4^{-0,2}$	$70,0^{+1,0}$	$59,6^{-0,1}$	$10,7^{-0,05}$	46,0
Lagerzapfen-⌀ (A in NEM 313) bzw.-Spitzenw. (α in NEM 314)	40°	45°	60°	40°	40°	3,0 ⌀	3,5 ⌀	55°	$1,2^{-0,05}$

4

Das Industrie-Gleisangebot

Dies ist ein besonders interessantes Kapitel, weil es darin nicht um Wünsche geht, sondern um die Wirklichkeit. Die tabellarischen Übersichten beinhalten alle wichtigen Daten und Maße und geben zusammen mit den Text-Erläuterungen einen umfassenden Überblick über das für den Modellbahner bedeutende Großserien-Gleisangebot der gängigen Spurweiten.

Industrie-Gleismaterial und Modellbahner-Ansprüche – ist das nicht wie Feuer und Wasser? Nun, so schlimm ist es auch wieder nicht. Es gibt eine Reihe ganz brauchbarer Gleissysteme, und einige erfüllen in Teilen sogar schon recht hohe Ansprüche. Man kann und sollte aber von der Modellbahn-Industrie nichts Unmögliches verlangen, sondern nur das, was wirtschaftlich unterm Strich auch machbar ist (sprich: zu verkaufen). Wem nützt das perfekte Modellbahngleis, wenn es wegen zu hoher Verkaufspreise zum Ladenhüter programmiert ist?

Doch ist im derzeitigen Gleisangebot teilweise noch sehr viel Spielraum für mögliche und optisch wie betrieblich vorteilhafte Verbesserungen. Zu Recht argumentiert die Industrie, daß sie kein Gleis ausschließlich für anspruchsvolle Modellbahner auf den Markt bringen kann (und innerhalb dieser Gilde sind die Wünsche meist auch noch differenziert), sondern auch die Masse der sogenannten Spielbahnkäufer ansprechen muß. Nur, wie dieses Argument in die Tat umgesetzt wird, ist manchmal schon weniger verständlich.

Den Spielbahner stört es überhaupt nicht, ob seine H0-Fahrzeuge über 2,7 mm hohe Schienen laufen oder über nur 2,1 mm hohe Schienen; er nimmt solche Feinheiten sicherlich gar nicht bewußt zur Kenntnis, weil sie ihn ganz einfach nicht interessieren. Roco hat in diesem Punkt mit seinem 1988 erstmals gezeigten

neuen H0-Gleissystem genau richtig gehandelt und eine vernünftige Schienenprofilhöhe gewählt. Dieses neue H0-Gleissystem ist ab Frühjahr 1989 lieferbar.

Die auf den folgenden Seiten tabellarisch vorgestellten Gleissysteme in den Spurweiten H0, H0m, H0e und N enthalten nicht alle Fabrikate. So fehlen zum Beispiel das Märklin-Metallgleis, das Trix-Express-Gleis (weil diese beiden Systeme für vorbildorientierte Modellbahner kaum mehr interessant sein können), sowie einige andere Fabrikate (z.B. Jouef, Liliput, Lima, Piko), die wegen zu geringer Angebotspalette oder schwieriger Bezugsmöglichkeit bislang für den Modellbahner ohnehin keine große Bedeutung erlangen konnten. Über diese Fabrikate informieren bei Interesse die Kataloge. In den nächsten Jahren an Interesse gewinnen können wohl das 1988 vorgestellte Märklin G 2000-Gleis und das geplante Lima-Gleis mit Code 83-Schienenfuß.

Mit diesen Hinweisen könnte man den erläuternden Rahmentext beenden und die Tabellen für sich sprechen lassen. Doch das wäre zu wenig und würde dem jeweiligen System nicht gerecht. Es bedarf einiger weiterführender und „hintergründiger" Erläuterungen, um zu verstehen (oder auch nicht), warum dieses oder jenes Fabrikat so und nicht anders angeboten wird. Zunächst einige Bemerkungen über die H0-Systeme.

Gleise H0

(Maße in mm)

Fabrikat	Radien	Bogengleis-Winkelteilungen (auf Radien bezogen)	mind. Gleisabstand im Bogen	mind. Gleisabstand in der Geraden	Gerade Gleise Längen	Schienenprofil Höhe	Schienenprofil Kopfbreite
Fleischmann – Modell-Gleis	250,0 358,0 415,0 738	60° 45°/30°/15° 30°/22°30'/15°/7°30' 15°	58,0	58,0	204/165/102 55/40	2,8	1,1
Fleischmann – Profi-Gleis	356,5 420 647 788	36°/18° 36°/18° 18° 7°30'	63,5	63,5	200/105/100	2,5	1,0
Märklin K	295,4 360,0 424,6 553,9 618,5 902,4	45° 30°/15°/7°30' 30°/22°30'/15°/7°30'/3°45' 30° 30° 14°26'	64,6	64,6	217,9/180/168,9/156 90/45/41,3/35,1/30/22,5 Übergangsgleisstück k/M-Gleis 180	2,7	1,2
Märklin G 2000	360,0 456,4	30° 30°	96,4	96,4	180,0 Übergangsstück M-Gleis/G 2000	bei Redaktionsschluß noch nicht festgelegt	
Roco	250,0 358,0 415,0 472,0 529,0	60° 30°/12°10'/7°30' 30°/12°10'/7°30' 30°/7°30' 30°/7°30'	57	57	228,6/204/85/62 57/51/29/26,5 24,5/20,6	2,5	1,15
Roco (neu)	358,0 419,6 481,2 542,8 888,0 1962,0	30° 30° 30° 30° 15° 5,07°	61,6	61,6	230,0/115,0 119,0 920,0 (Vierfachgerade)	2,1	0,9–1,0

Fabrikat	Radien	Bogengleis-Winkelteilungen (auf Radien bezogen)	mind. Gleisabstand im Bogen	in der Geraden	Gerade Gleise Längen	Schienenprofil Höhe	Kopf-breite
Conrad	478 533 644 699 855	30°/7°30' 30°/7°30' 15° 15° 10°	55	55	232/85,4/83,1 80,6/75,7	2,3	0,9
Ade	480 535 645 700 865 400	30°/10°/7°30' 30°/10°/7°30' 30°/7°30' 30°/7°30' 10° 15°	55	55	232/82,2/79,8/77,4	2,0	0,9

(Maße in mm)

Weichen H0

Fabrikat	Weichen			Bogenweichen		Kreuzungen		Sonstiges
	Abzweig-Winkel	Bogen Rad.	Gerade Länge	Radien	Bogen	Winkel	Länge	
Fleischmann Modellgleis	15° + 40 mm 2 x 15° + 40 mm[1] 15°[2]	415 415 738	165 165 + 40 204	i: 358 a: 855	30° 15°	30° 15° 24°17'	170 219,5 180 + 2 x 8 mm	[1] Dreiweg-W. unsymmetrisch [2] mit beweglichem Herzstück
Fleischmann Profi-Gleis	18° 2 x 18°[1]	647 647	200 200	i: 356,5 a: 420	36°	18° 36°	210 105	[1] Dreiwegweiche, symmetrisch
Märklin K	22°30' 2 x 22°30'[1] 14°26'	424,6 424,6 902,4	168,9 168,9 225	i: 360 a: 424,6	30° 30° + 64,6 30°	45° 22°30' 14°26'	90 168,9 225	[1] Dreiweg-W. symmetrisch

Fabrikat	Weichen			Bogenweichen		Kreuzungen		Sonstiges
	Abzweig-Winkel	Bogen Rad.	Gerade Länge	Radien	Bogen	Winkel	Länge	
Märklin G 2000	30°	360	180	–	–	–	–	Ergänzungen sollen folgen; digitalisierter Weichenantrieb im Bettungskörper
Roco	12°50' 9°30' 9°30'[1] 2×12°30'[2] 4×12°30'[3]	700 1010 700	228,6 304,8 198,25 228,6 457,2	i: 457,2 a: 558,8	30°	12°50' 90°	228,6 152,5	[1] Y-Weiche, symmetrisch [2] Dreiweg-W., symmetrisch [3] Doppelte Gleisverbindung
Roco (neu)	10° 15° 10°[1] 15°[1]	1962 888	345,0 230,0	i: 358,0 a: 419,6 i: 481,2 a: 542,8	30° 30°	30°	119,0[2]	Herzstückwinkel ca. 7° bzw. 12° [1] Dreiweg-W., symmetrisch [2] für Parallelgleiskreuzung
Peco	12° 12° 12° 24°[1] 12°[1]	610 914 1524 610 1820	185 219 258 ca. 148 ca. 220	i: 762 a: 1524	–	24° 12°	127 250	Weichen mit Code 75-Profil in Vorbereitung [1] Y-Weichen, symmetrisch
Shinohara[1] Code 70 und Code 100	14° 9°30' 7° 7° 9°30'	500 1200 1800 1000[2] 2×1200[3]	250 295 377 245 308	i: 500 a: 650 i: 750 a: 900	9°30' 7°	9°30' 30° 45° 60° 90°	– – – –	[1] Vertrieb durch Fulgurex, Lausanne (CH) [2] Y-Weiche [3] Dreiweg-W. symmetrisch
Shinohara Code 83	11°25' 9°30' 7°09'	500 900 1600	264,0 288,0 352,0	22°54' 19°05' 14°15' i: 610 a: 711 i: 812 a: 914	800[1] 1000[1] 1200[1]	30° 45° 60° 90°	161 142 123 82	Doppelte Gleisverbindung [1] Y-Weiche Dreiwegweiche, unsym. R = 500, Länge 340 Schienenprofile geschwärzt Vertrieb: Bänninger (CH) Bemo (Deutschland)

DKW's – Flexgleise – Sonderformen H0

(Maße in mm)

Fabrikat	Kreuzungs-Weichen Winkel	Länge	Entkup.-Gleis Länge	Spezial-Gleise Art	Abmessg., Länge Winkel, Radius	Gleis-Plan-Schablone	Sonstiges
Fleischmann Modellgleis	15°[1]	219,5	102	Flex.: Vario Prellb. Drehsch.	981 80…120 55 220⌀	1:10	[1]) DKW, symmetrisch
Fleischmann Profi-Gleis	[2]) 18°	210	100	Flex. Ausgleichs-gleisstück Prellb.	800 80–120		[2]) DKW, symmetrisch flex. Zahnstange Kehrschleifen-Garn.
Märklin K	22°30'[2] 14°25'[2]	168,9 225	90	Prellb. Flex. Schiebeb. Drehsch.	38 900	1:10	[2]) DKW, symmetrisch
Roco	12°50'[4]	228,6		Flex. Flex.	970 914,4	–	[4]) DKW, symmetrisch
Roco (neu)	10°5[5] 15°		[6])	Flex.	920,0	–	[5]) EKW, unsymmetrisch [6]) Unterflureinbau
			Das Gleissystem wird ergänzt				
Ade/Conrad (Röwa) gleiche Gleisgeometrie	10°[1]	–	–	–	–	–	[1]) Weichen, Kreuzungen u. Kreuzungsweichen werden aus Teileinheiten zusammengesetzt, tabellarische Erfassung deshalb kaum möglich
Peco	12°	250	–	Flex[1]) Entgleisungs-weiche[2])	98	–	[1]) sowohl mit Beton- als auch Holz-schwellen, auch in Code 75 [2]) Gleissperrenfunktion

Fabrikat	Kreuzungs-Weichen Winkel	Länge	Entkup.-Gleis Länge	Spezial-Gleise Art	Abmessg., Länge, Winkel, Radius	Gleis-Plan-Schablone	Sonstiges
Shinohara Code 70 Code 100	14° 9°30'	R = 800[1]) 250 R = 1200[1]) 310		Flex.: Einfache Gleisverbindung Doppelte Gleisverbindung[3]) Doppelte Gleisverbindung	1000 9°30'[2]) 14° 9°30'[2])	–	[1]) DKW, symmetrisch [2]) R = 900 Gleisabstand: 50 [3]) R = 500 Gleisabstand: 50 Die 9½-Grad-Weichen so- wie das Flexgleis sind auch in Dreischienen-Ausführung (H0m3) erhältlich. Profil- höhe wahlweise 1,8 (Code 80) oder 2,5 (Code 100) mm.
Shinohara Code 83	9° 30' 7° 09'	R = 1200 –		Flex.:	1000	–	DKW, symmetrisch

Gleise + Weichen H0e/H0m

(Maße in mm)

Fabrikat	Radien	Bogengleis-Winkelteilungen auf Radien bezogen	Gerade Gleise Längen	Weichen Abzweig-winkel	Weichen Boden-radius	Kreuzungen Flexgleis u. a.	Profil-höhe
Liliput H0e	249,0	30°	124,0 62,0	15°	249,0	Flex: 730,0 Kreuzung H0/H0e 30°	2,0
Bemo H0e[1])	–	–	–	12°[2])		Flex: 500,0[3])	2,0

Fabrikat	Radien	Bogengleis-Winkelteilungen auf Radien bezogen	Gerade Gleise Längen	Weichen Abzweigwinkel	Weichen Bodenradius	Kreuzungen Flexgleis u. a.	Profilhöhe
Bemo H0e[1]	–	–	–	12°[2]		Flex: 500,0[3]	2,0
Bemo H0m[1]	330,0 515,0	30° 12°	162,3 56,5	12°[2] 12°[4] 12°[5]	515,0	Flex: 500,0[3] DKw 12°, 12°[4] Kreuzung 12°, 12°[4] 24°[6], doppelte Gleisverbindung 12°	2,0
Bemo H0m (Code 70)[7]	–	–	–	9,5° 12° und Bogenweichen in Vorbereitung		Flex: 1000,0[8] DKw 12°, doppelte Gleisverbindung 12°, Zahnstangengleis	1,8
Roco H0e	261,8 493,0	30° 15°	134,3 47,9	15°[9]	493,0	Flex: 730,0 Schwellenendstück	2,0

[1]) Rostbraun gefärbte Neusilber-Profile.
[2]) Zum Einbau von Weichenlaternen vorbereitet, Unterflur-Antriebseinbau.
[3]) Freier Durchblick zwischen Schienenfuß und Schwellen.
[4]) Gekürzte Ausführung zum Einbau in doppelte Gleisverbindungen.
[5]) Vorgefertigter Bausatz für Innenbogenweichen lieferbar (R = 550/330).

[6]) Mittelteil für doppelte Gleisverbindung.
[7]) Brünierte NS-Profile, gefräste Zungen und Herzstücke.
[8]) Auch mit Stahl- und Betonschwellen-Imitation.
[9]) Metall-Herzstücke, Unterflur-Antriebseinbau mit Herzstück-Polarisation möglich.

Gleise N

(Maße in mm)

Fabrikat	Radien	Bogengleis Winkelteilungen auf Radien bezogen	Parallelgleis Abstand Bogen	Parallelgleis Abstand Gerade	Gerade Gleise Längen
Arnold	192	90°/45°/15°	30	30	222/111/57,5
	222	45°/15°	30		
	400	30°/15°			
	430	30°/15°			
Fleischmann piccolo	192,0	45°/15°/7°30′	33,6	33,6	222/111/55,5/57,5
	225,6	45°/15°/7°30′	33,6		55,5/27,75
	396,4	30°/15°			
	430,0	30°/15°			
Kato	282	45°	33	–	64/124/186/248
	315	45°			
	348	30°			
	381	30°			
	718	15°			
Minitrix	194,6	30°/24°/6°	33,6	33,6	312,6/104,2/76,3
	228,2	30°/24°/6°	33,6		54,2/50/33,6
	329,0	15°	33,6		27,9/17,2
	362,6	15°			
	492,6	15°			
	526,2	15°			
Roco N	194,6	30°/24°/6°	33,6	33,6	312,6/104,2
	228,2	30°/24°/6°	33,6		54,2/50,0/17,2
	261,8	30°	33,6		
	329,0	15°			
	362,6	15°			
	480,0	15°			
	765,0	12°			

Fabrikat	Radien	Bogengleis Winkelteilungen auf Radien bezogen	Parallelgleis Abstand Bogen	Parallelgleis Abstand Gerade	Gerade Gleise Längen
Rivarossi/Atlas	249 282 481	30°/15° 30°/15° 15°	33	33	124/62/31/15,5
Lima N	203,3 236,3 481,0	45°/15° 30°/15° 15°	33	–	124,5/62,3/31,1
Peco N	228 457 762 914	24°/12°	–	–	87/58

Weichen N

(Maße in mm)

Fabrikat	Abzweig-Winkel	Weichen Bogen Rad.	Weichen Gerade Länge	Bogenweichen Radien	Bogenweichen Bogen	Entk. Gleis Länge
Arnold	15° 2 × 15° (Dreiweg)	430,0 430,0	111 111	192/222	30°	111
Fleischmann piccolo	15° 2 × 15° (Dreiweg)	430,0 430,0	111 111	i: 192 a: 225,6	45° 45°	111
Kato	15°	748	248	–	64	–
Minitrix	24° (+ 6°) 15° + 17,2 mm	194,6 362,6	104,2 112,6	i: 194,6 a: 228,2 i: 329,0 a: 362,6	42° 42° 30° 30°	76,3

Fabrikat	Weichen			Bogenweichen		Entk. Gleis Länge
	Abzweig-Winkel	Bogen Rad.	Gerade Länge	Radien	Bogen	
Roco N	24° 2 × 15° (Dreiweg) 13°5' 10°	194,6 362,6 480,0 765,0	104,2 112,6 124,0 155,0	i: 194,6 a: 228,2	42° 42°	104,2 –
Rivarossi Atlas	2 × 10° (Dreiweg)	481,0	154	–	–	124
Lima N	15°	481,0	124,5	–	–	–
Peco N	22°30' 14° 8°	228,0 457,0 914,0	87 123 159	i: 457 a: 914 – 762 (Y-Weiche)	8° 8° 8°	– – –
Shinohara	14° 14° (Y-Weiche) 9°30'	– – –	135 135 180	i: 300 a: 350	–	–

DKW's Flexgleise – Sonderformen N

(Maße in mm)

Fabrikat	Kreuzungen		Kreuzungs-Weichen		Spezial-Gleise	Abmessg., Länge, Winkel, Rad.	Sonstiges
	Winkel	Länge	Winkel	Länge	Art		
Arnold	90° 30° 15° [1]	111 115 111/115	15° [2]	111	Flex.: Vario: Prellb.: Drehsch.: Unterbr.gl.: Trenngleis:	666 99…123 55 220 Ø 111/57,5 111	[1] 2 unsymm. Ausführungen für Rechts bzw. Links [2] DKW symmetrisch

Fabrikat	Kreuzungen		Kreuzungs-Weichen		Spezial-Gleise Abmessg., Länge, Winkel, Rad.		Sonstiges
	Winkel	Länge	Winkel	Länge	Art		
Fleischmann piccolo	30°	115			Flex.:	777	[1] zwei asymm. Ausführungen für Rechts bzw. Links
	15° [1]	111/115	15° [1]	111/115	Vario.:	83...111	
					Prellbock:	57,5	
					Drehsch.:	220⌀	
					Flex m. Zahnst.:	777	
Minitrix	30°	104,2	30° [1]	104,2	Flex.:	730	[1] DKW, symmetrisch
	15°	129,8	15° [1]	129,8	Prellbock:	50[2]	[2] zwei Ausführungen
					Rerailer:	104,2	
Roco N	30°	104,2	15° [1]	129,8	Flex.:	730[2]	[1] DKW, symmetrisch
	15°	112,6			Rerailer:	104,2	[2] zwei Ausführungen, unterschiedliche Flexibilität
Rivarossi Atlas	15°	124	–	–	Flex.:	810	–
					Prellbock:	62	
					Rerailer:	124	
Lima N	30°	124	–	–	–	–	[1] zwei asymm. Ausführungen für Rechts bzw. Links
	15° [1]						
Peco N	8° [1]	187	–	–	Flex.: [2][3]	914	[1] symmetrisch
	25°	91					[2] mit Beton- oder Holzschwellen
							[3] als „Super N" mit 1,5 mm Profilen (Holzschwellen)
Shinohara	90°	80	14°	160	Flex.:	1000	Doppelte Gleisverbindung, 9°30', 310 mm
	60°	95	9°30'	225			
	45°	100					
	30°	130					

Das Fleischmann-H0-Modellgleis (mit 2,7 mm hohen Messingprofilschienen auf Kunststoff-schwellenband) war bis Anfang der achtziger Jahre das Standard-Modellgleis bei Fleischmann. Heute läuft es neben dem Profi-Gleis quasi als „Zweitgarnitur" für Nachkäufe und wird sicherlich in einigen Jahren einmal ganz aus dem Programm genommen. Schließlich hat sich das Profi-Gleis von Fleischmann sehr gut auf dem Markt eingeführt. Dazu trägt nicht zu-letzt die Kunststoff-Imitation des Schotterbetts bei, die dieses Gleis beim Spielbahner sehr be-liebt macht.

Modellbahner, die es mit dem Vorbild genauer nehmen, werden drei Punkte am Profi-Gleis kriti-sieren: die Schienenprofilhöhe von 2,5 mm und das zu schmale und auch zu dünne Schotter-bett. Für die zu hohen Profile gibt es meiner Mei-nung nach keinen stichhaltigen Entschuldi-gungsgrund, wohl aber für das „eingelaufene" Schotterbett: eine richtige Dimensionierung (à la Röwa/Conrad/Ade) hätte Schwierigkeiten bei der Gleisgeometrie mit sich gebracht und eine Reihe kostenaufwendiger Spezialgleisstücke er-

forderlich werden lassen, mit denen sich der Spielbahner sicherlich schwer getan hätte. Doch ist das Schotterbett durch Unterlegen zusätzlich geräuschdämmender Korkstreifen und seitlicher Zusatzschotterung optisch doch noch zu „ret-ten", wenn auch mit erheblichem Zeitaufwand.

Als dritter Nachteil des Profi-Gleises kommt der relativ große Herzstückwinkel der Weichen von 18° hinzu, der – trotz des schon recht ordent-lichen Abzweiggleisradius von 647 mm – die Weichen ziemlich steil wirken läßt.

Beim Märklin-K-Gleis ist die Situation etwas an-ders. Zunächst einmal führt Märklin sein stand-haft verteidigtes und auch logisch begründetes Mittelpunkt-System mit schaltungstechnisch einfachem Aufbau und sicherster Stromübertra-gung als Positivum ins Feld. Es wäre falsch, da-gegen etwas einzuwenden. Einwände kann man aber gegen die „gigantische" Schienenprofil-höhe von 2,7 mm erheben. Da sind auch die Punktkontakte kein Argument – im Gegenteil: bei niedrigerer Schienenhöhe würden die im

Ein fast schon „klassisches" H0-Weichenangebot kommt von Peco aus England (s. a. Tabellen). Im Bild der Zungenbereich mit der (schwergängigen) Stellschwelle mit den Kontakten für die wechselseitige Span-nungsversorgung; für den Stellvorgang ist der Peco-Weichenantrieb erforderlich, der direkt unter den Schwellen montiert wird, oder ein entsprechend starker motorischer Antrieb

Der Herzstückbereich einer Peco H0-Weiche mit 2,5-mm-Schienenprofil (Code 100). Das Herzstück besteht aus Metall (zwei aneinandergesetzte, gefräste Schienenprofilstücke); gleiches gilt für die Radlenker an den Backenschienen. Die hier gezeigte Peco-Weiche wurde mit dem ziemlich grobkörnigen Kibri-Schotter einge- schottert; durch Aussieben entsteht ein besserer Schotter-Eindruck

Weichen- und Kreuzungsbereich ,,hochkletternden'' Punktkontakte (Pukos) sicher weniger störend wirken. Bei aller Betriebssicherheit – die deutlich sichtbaren Punktkontakte im Weichen- und Kreuzungsbereich beeinträchtigen nun mal den optischen Eindruck. Brandneu und bei Redaktionsschluß erst der Öffentlichkeit vorgestellt ist das ,,G 2000''-Gleis von Märklin, ein H0-Kunststoff-Schotterbettgleis in Kürze wohl mit nur 2,1 mm hohen Profilen. Es wird zunächst zwar nur in Verbindung mit einer Modellbahn-Startpackung angeboten, dürfte meiner Einschätzung nach aber bald das alte Metallgleissystem ablösen (s. a. Tabelle in Kap. 4).

Roco hat innerhalb zweier Jahrzehnte zwar viel an seinem Gleisangebot ,,herumgebastelt'', hat letztendlich aber mit seinem Standard-H0-Modellgleis eine große Palette von Gleisen und Weichen (mit 2,5 mm Profilhöhe) im Angebot, mit dem man in Anbetracht der Konkurrenzangebote zufrieden sein könnte. Nun kommt ein von Roco völlig neu konzipiertes H0-Gleissystem mit 10°–15°-Gleisgeometrie. Sein deutliches Plus: nur 2,1 mm hohe Schienenprofile

(Code 83), schlanke Weichen und polarisierte Metallschienen-Herzstücke, deren Herzstückwinkel (wegen der als Bogen durchlaufenden Abzweiggleise) nur etwa 7° bzw. 12° betragen. Weitere Einzelheiten über die endgültige Ausführung lagen bei Redaktionsschluß noch nicht vor, wohl aber die Übersicht über die ab 1989 lieferbaren Teile dieses Systems.

Das Conrad- und Ade-H0-Schotterbett-Gleissystem in einem Atemzug zu nennen, ist nicht so abwegig, wie es erscheinen mag. Schließlich ging das Conrad-Gleis aus dem früheren Röwa-Gleissystem hervor, und Ade verbesserte ,,sein'' früheres Röwa-Gleis in diversen Teilbereichen zum neuen Ade-Modellgleis. Beide Systeme brillieren durch hervorragende maßstäbliche Schotterbett-Nachbildungen, durchdachte Gleisgeometrie mit variablen Weichen- und Kreuzungsstellen, Herzstücken mit nur 10°-Winkel und niedrigen zierlich wirkenden Schienenprofilen.

Der ,,Haken'' an der Sache: Conrad bietet ein seit Jahren vorhandenes, nicht vollständiges

Programm an (z. B. ohne Bogenweichen und ohne Flexgleis), und Ade kommt seit Jahren nicht in vollem Umfang seinen Lieferankündigungen nach. Das sind Gründe, diese Gleissysteme als Randerscheinungen anzusehen. Dennoch finden sie hier Erwähnung, weil sie – und das gilt besonders für das Ade-Gleis – praktisch das noch machbare Optimum darstellen, das zu einigermaßen vertretbarem Preis angeboten werden kann. Schade für diese Schotterbettgleise – und für uns.

Erstaunlich sind die Aktivitäten unseres britischen Nachbarn Peco. Englands Modellbahn-Produkte sind für uns – schon vorbildbedingt – im allgemeinen nur wenig interessant. Das Peco-Gleissystem (für alle Spurweiten angeboten) bildet da die große Ausnahme. Peco hat, wie die tabellarischen Übersichten zeigen, ein sehr umfangreiches und verschiedenartiges Programm

für H0-Bahnen. Neben dem bekannten 2,5 mm Schienenprofil bietet Peco ab 1988 auch Flexgleise (und später Weichen) mit nur 1,9 mm-Profilen (Code 75) an. Das ist wohl in naher Zukunft „das" Gleissystem für den Modellbahner, wenn auch die Ausführung der (bei Redaktionsschluß noch nicht vorliegenden) Weichen dem Flexgleis adäquat ist. Besonders bemerkenswert: Peco hat auch die Unterlegplatten unter den Schienenstühlen nicht vergessen!

Beim japanischen Gleishersteller Shinohara sieht es etwas anders aus. Hier werden fast alle Gleise und Weichen (von 7°- bis 14°-Herzstückwinkel) sowohl mit Code 70 (1,8 mm) als auch mit Code 100 (2,5 mm) Schienenprofilen angeboten. Code-83-Gleise mit nur 2,1 mm Profilhöhe werden von Shinohara ab 1988 durch Bänninger (CH) und Bemo (Deutschland) vertrieben.

Der Zungenbereich einer Shinohara H0-Weiche mit 1,8-mm-Profil (Code 70). In der Draufsicht sind die zierlicheren Abmessungen der Profile kaum zu erkennen, da die Schienenköpfe ziemlich breit sind. Die Drehgelenke der Zungen (Schienenverbinder), die genietete Stellschwelle und die Ausführung der gesamten Konstruktion entsprechen nicht mehr ganz den Ansprüchen

Auffällig (und amerikanischem Vorbild entsprechend) ist die Anordnung der gruppenweise in der Länge abgestuften Schwellen bei den Shinohara-Weichen aller Ausführungen; die Schwellen verlaufen grundsätzlich rechtwinklig zum geraden Stammgleis. Das aus zwei gefrästen Profilen zusammengesetzte Herzstück zeigt eine ziemlich große Lücke. Die Profile aller Code 83-Gleise und Weichen sind geschwärzt

Ab 1989 lieferbar ist diese Roco H0-Weiche (hier die 15°-Ausführung) mit erstmals von einem Großserien-Hersteller verwendeten 2,1-mm-Schienenprofilen (Code 83). Der Weichenantrieb wird in der endgültigen Ausführung noch etwas kleiner und flacher ausfallen. Das Herzstück wird wechselseitig mit positiver bzw. negativer Fahrspannung versorgt, so daß eine ununterbrochene Stromversorgung gewährleistet ist

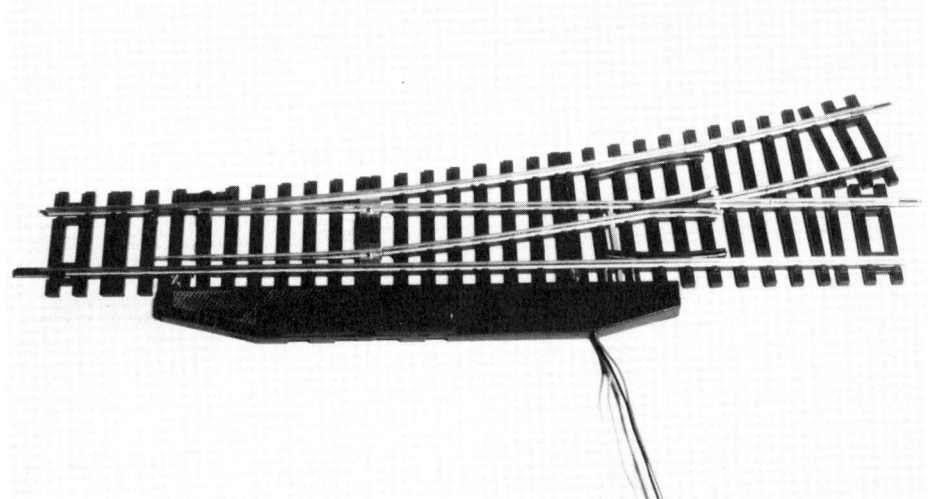

Trotz zierlicher Ausführung der 2,1-mm-Schienenprofile (durch schmalen Schienenkopf) sind die gefrästen Zungen der Roco-H0-Weiche sehr exakt ausgeführt und gelagert. Nach farblicher Nacharbeit und Einschottern – wie abgebildet – wirkt die Weiche fast „wie selbst gebaut" (bei der abgebildeten Roco-Weiche handelt es sich noch um ein Vorserienmuster)

Ziemlich eng ist der Spalt zwischen Kunststoff-Radlenkern und Backenschienen, dafür aber größer im Herzstückbereich. Das Metall-Herzstück der neuen Roco-Weiche ist aus zwei gefrästen Profilen zusammengesetzt, die in einer winzigen Kunststoffspitze festgehalten werden; das Herzstück-Spitzenteil ist bereits werkseitig elektrisch getrennt. Der Roco-Weichenantrieb kann selbstverständlich auch unterflur montiert werden

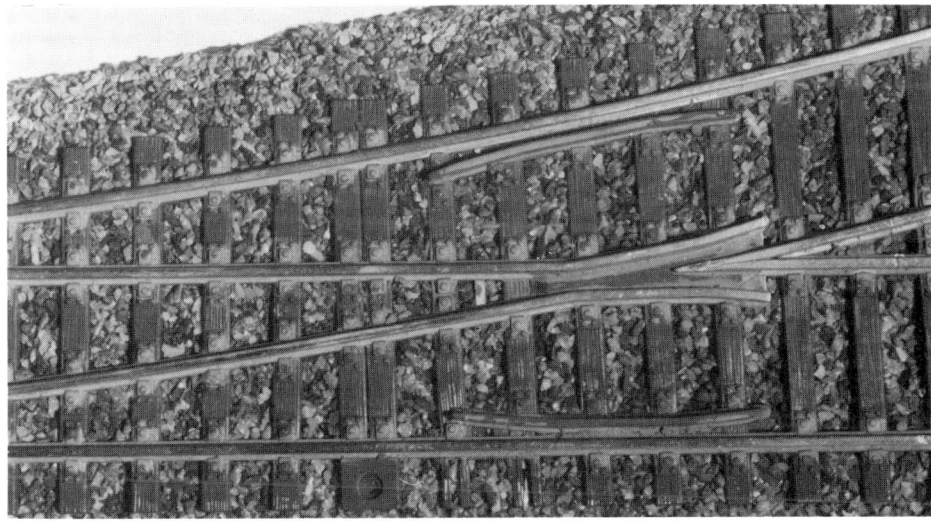

Die Fleischmann H0-Weiche ist, wie das gesamte Profi-Gleissystem, mit einem (aus konstruktiven Gründen) zu schmal geratenen Kunststoff-Schotterbett ausgestattet. Die Konstruktion der Fleischmann-Weichen ist sehr robust und betriebssicher, entspricht aber optisch, nicht nur wegen der 2,5-mm-Profile, nicht dem aktuellsten Stand der Modellbahntechnik. Das Kunststoff-Herzstück ist mit stromleitenden Spurkranz-Auflaufblechen belegt. Herausnehmbare Federdrähte ermöglichen eine Stopweichenschaltung; der Weichenantrieb ist abknöpfbar

Die Märklin K-Weiche mit Kunststoff-Schwellenrost (im Gegensatz zum spielzeughaft wirkenden Märklin-Metallgleis) wirkt optisch nicht überzeugend. Dies liegt weniger an den zu hohen Profilen (2,7 mm) als vielmehr an den im Weichenbereich zwangsläufig höher herausragenden Punktkontaktstreifen und dem aus Kunststoff gespritzten Herzstückteil, in das bis zur Höhe der Zungengelenke ein Metall-Spurkranzauflaufteil eingesetzt ist. Der voluminöse, aber flache Weichenantrieb ist fest angebaut

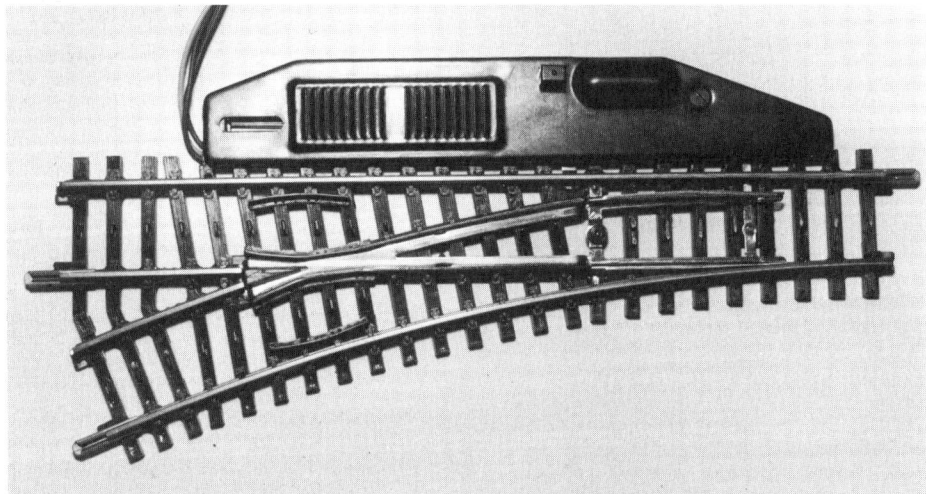

Die Abbildung zeigt oben eine schlanke Roco N-Weiche (mit Kunststoff-Herzstück und abschraubbarem Antrieb), in Bildmitte die Roco H0e-Schmalspurweiche in ähnlicher Ausführung (Antrieb abgeschraubt) und schließlich – ebenfalls für die 9-mm-Schmalspur – eine ganz aus Metallprofilen gefertigte Weiche von Bemo, die sogar brünierte Schienenprofile besitzt

Den vorbildorientierten Modellbahner stört beim Shinohara-System die nach amerikanischen Eisenbahnen ausgerichtete Schwellenlage der Weichen (ohne Schräglage der Schwellen und mit abschnittsweise gestufter Schwellenlänge). Beim Code 83-Gleis (Bemo/Bänninger-Vertrieb) sind die Profile geschwärzt.

Soviel zu den industriell gefertigten H0-Gleissystemen. Wie sieht es bei den N-Gleisen aus? Im Prinzip nicht viel anders. Man könnte an dieser Stelle den Herstellern vorwerfen, in Baugröße N

das Vorbild noch lascher kopiert zu haben als in H0, doch das wäre nicht gerecht.

Die UIC-60-Schienenprofilhöhe beispielsweise (Vorbild: 172 mm) beträgt in N 1,1 mm. Fast ausnahmslos alle Hersteller offerieren jedoch Schienen mit Profilhöhen zwischen 1,9 und 2,1 mm (das wäre genau richtig für H0, aber dort „geht" das nicht, außer bei Roco und Peco). Eine rühmliche Ausnahme bildet Peco mit seinem Super-N-Flexgleis, das dank des optisch unauffällig verstärkten Schienenfußes nur eine sichtbare

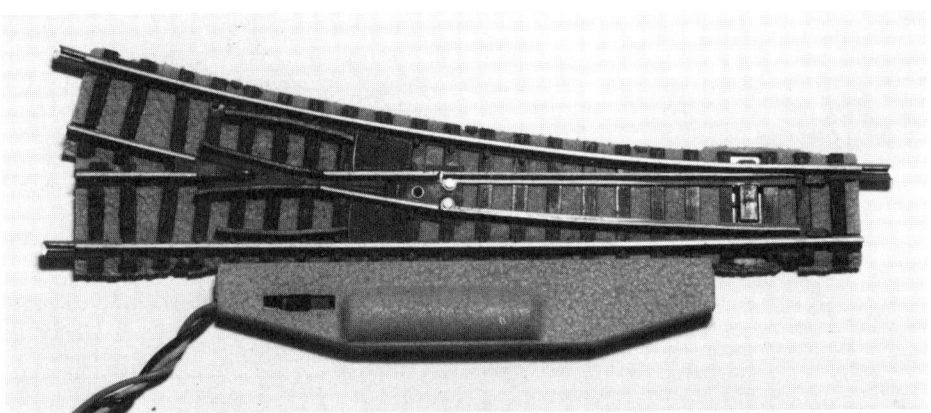

Nach ähnlichem Konstruktionsprinzip aufgebaut wie das H0-Profi-Weichenangebot ist auch die Auswahl der N-Weichen von Fleischmann. Charakteristisch: das angedeutete Schotterbett aus Kunststoff, dem man mit etwas Mühe ein vorbildgerechtes „Gesicht" geben kann. Abknöpfbarer Weichenantrieb und Möglichkeit zur Stopweichenschaltung gehören auch bei den N-Weichen von Fleischmann zum Serienstandard

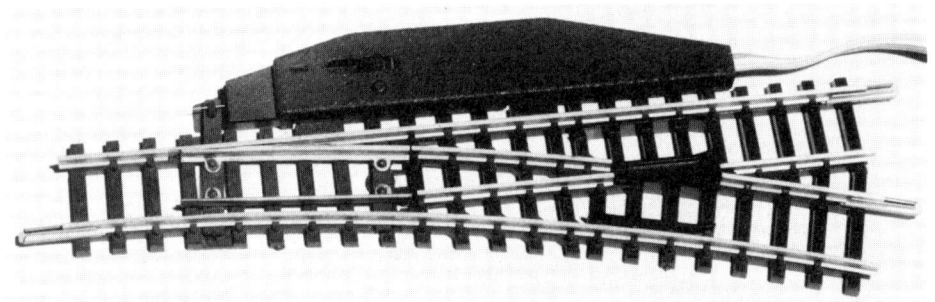

Akkurat gefertigt und betriebssicher (aber leider auch noch mit Kunststoff-Herzstück) sind die Minitrix N-Weichen. Die Weichenantriebe sind bei Minitrix ebenfalls angesteckt, so daß sie leicht zur Unterflurmontage „umgebettet" werden können

Gesamthöhe von 1,5 mm erreicht; dennoch kann es von allen N-Fahrzeugen befahren werden. Leider sind nicht alle Peco-Produkte (das gilt auch für H0) bei uns erhältlich bzw. sie sind schwierig zu beschaffen.

Nun sind in Baugröße N Maßdifferenzen unter Umständen nicht immer so eng zu sehen wie bei Gleisen größerer Spurweiten. Dies bezieht sich beispielsweise auf den exakten Schienenprofil-querschnitt oder das „Kleineisen" in Form vereinfachter Befestigungsklammern.

Vielmehr ist im Maßstab 1:160 das Gesamtbild der Gleisanlage von großer Bedeutung; dazu gehören Ausführung der Weichen, Herzstückwinkel, Größe der Radien, um nur einige Kriterien zu nennen, die bei N-Gleismaterial wichtig sind.

Diese Bemerkungen mögen N-Bahner bitte nicht als Abwertung verstehen; Tatsache ist schließlich, daß einige Impulse des Gleis- und Weichenbaus von der Baugröße N ausgegangen sind (z. B. die Schienenkopfrundung zwecks schmalerer Schienenoberfläche und „abknöpfbare" Weichenantriebe).

In den tabellarischen Übersichten sind alle derzeit angebotenen N-Fabrikate aufgeführt, mit Hinweisen auf Besonderheiten und wichtige Maße.

Zu den einzelnen Fabrikaten hier noch einige Anmerkungen, die nicht aus den Tabellen abzulesen sind. Arnold, als „dienstältester" N-Bahn-Hersteller, bietet ein inzwischen aus betrieblicher Sicht sehr gut ausgereiftes N-Gleissystem an. Die den DB-Schnellfahrweichen nachempfundenen beweglichen Herzstück-Zungenkombinationen sorgen für Fahrsicherheit und gute Stromabnahme. Auch die Arnold-Gleise – allerdings ohne Ausformung des Schienenprofilquer-

Die Abbildung zeigt eine Arnold N-Bogenweiche, die sich – wie auch die übrigen Arnold-Weichen – durch besondere Betriebssicherheit auszeichnet. Diese wird nicht zuletzt durch die aus einem Metallteil bestehende Zungen-Herzstück-Kombination erreicht, die einen lückenlosen und durchgehend mit Fahrspannung versorgten Fahrweg bildet. Alle Arnold-Weichenantriebe sind abnehmbar und können (s. unteres Bild) entgegengesetzt angesteckt werden für den „versenkten" Einbau

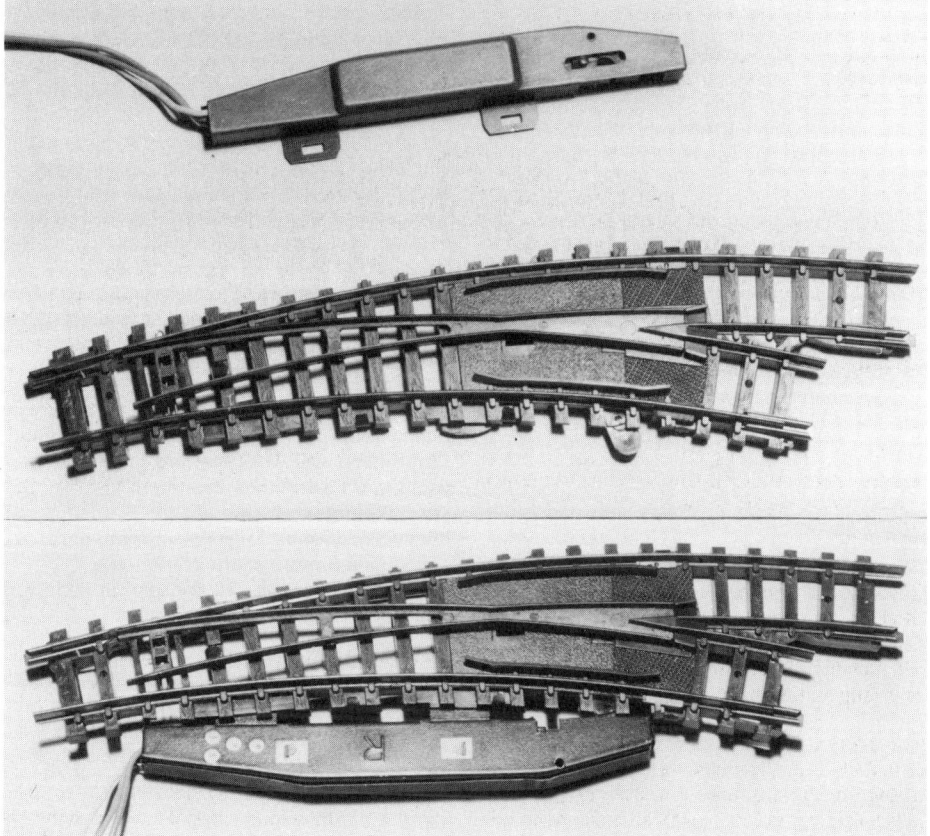

schnitts – tragen durch den schmalen, abgerundeten Schienenkopf zur guten Stromübertragung bei. Arnolds Schienenprofile sind als einzige dunkel gefärbt, so daß eine farbliche Nachbehandlung entfällt.

Fleischmann bietet dem N-Bahner ein Schotterbettgleis (in der Breite ein wenig schmal geraten, aus ähnlichen Gründen wie beim H0-Profi-Gleis). Ein weiteres Schotterbettgleis wird vom japanischen Hersteller Kato angeboten, konnte aber trotz guter Ausführung bei uns bisher nicht den Verkaufserfolg des Fleischmann-Gleises erreichen. Das übrige Angebot hat mehr oder weniger Ähnlichkeit auf den ersten Blick miteinander. Während Roco und Minitrix ein großes Angebot, vor allem an verschiedenen Radien, anbieten, beschränken sich Rivarossi/Atlas und Lima auf ein relativ bescheidenes Lieferangebot. Pecos 1,5-mm-Gleis (nur als Flexgleis, aber mit anderen Gleisen kombinierbar) fand schon weiter vorn Erwähnung. Man sieht: auch beim N-Gleismaterial ist noch so manche Verbesserung möglich.

Über der Betrachtung der Gleise darf man sowohl in N als auch in H0 und allen anderen Spurweiten nicht die Fahrzeuge vergessen, die darüber rollen sollen. Bei den Gleisen selbst treten zwar so gut wie nie Schwierigkeiten auf, wohl aber an Weichen und Kreuzungen und DKw's. Deshalb ist den Fahrzeug-Radsätzen grundsätzlich besonderes Augenmerk zu schenken. In erster Linie ist das sogenannte Radsatz-Innenmaß (nach NEM 310, s. a. S. 33) zu überprüfen; in H0 muß es 14,3 mm, in N 7,4 mm betragen.

Bedingt durch Fertigungstoleranzen und leider auch durch unterschiedliche Nennmaße bei einigen Fabrikaten können sich Zehntelmillimeter-Unterschiede schon durch Entgleisungsfreudigkeit der Fahrzeuge ausdrücken. Vor allem beim Einsatz von Fahrzeugen unterschiedlicher Fabrikate kommt dem Überprüfen des einheitlichen Radsatz-Innenmaßes besondere Bedeutung zu.

Das ist also das derzeitige Angebot. Damit wir uns nicht mißverstehen: Ganz so schlecht ist das vorhandene Material nun auch wieder nicht; vor allem die Vielfalt des Angebots sollte man nicht als gegebene Selbstverständlichkeit abtun.

Aber engagierte Modellbahner – und gerade diese sollen mit der vorliegenden Veröffentlichung angesprochen werden – können mit dem Vorhandenen (bis auf ganz wenige Ausnahmen) noch nicht zufrieden sein. Die Kritik muß um so verständlicher werden, weil zahlreiche der beanstandeten Fehler jeder logischen Begründung entbehren und auch keine kommerziellen Gründe langfristig gegen gezielte Änderungen und Verbesserungen sprechen. Warum dies so ist? Vielleicht liegt es daran, daß die meisten Hersteller zu wissen glauben, was für ihre Kunden gut und richtig ist. Ich meine, eine solche Einstellung könnte auch geeignet sein, die von allen gewünschte weitere Verbreitung des Modellbahn-Gedankens zu bremsen anstatt sie zu fördern.

Das Angebot der Gleis-Hersteller ist vielfältig, aber es entspricht in vielen Punkten nicht den realisierbaren Wünschen der Modellbahner. Differenzen bei Weichen, Kreuzungen und wichtigen Radsatzabmessungen können das Fahrvergnügen trüben. Fazit: Wir sind mit dem vorhandenen Angebot – bis auf ganz wenige Ausnahmen – nicht zufrieden.

5

Das Gleisbett im Modell

So, wie man beim Hausbau zuerst mit dem Kellerfundament beginnt und nicht mit dem Dachboden, sollten vor dem Gleisbau auch die Überlegungen für die richtige Ausführung des Bahnkörpers und des Gleisbettes stehen. Hierbei gilt es vielerlei zu berücksichtigen.

In Kapitel 1 war schon die Rede von zwei unverzichtbaren Forderungen an ein akzeptables Modellgleis: Betriebssicherheit und vorbildgerechtes Aussehen. Es kommt noch eine dritte, im weiteren Sinne auch zum Gleisbereich gehörende Forderung hinzu: die Geräuschdämmung. Auf diesem Gebiet werden vom Modellbahner seit jeher viele Fehler gemacht. Erst in jüngster Vergangenheit widmete man sich mehr und mehr diesem Thema. Auch die Zubehör-Industrie trug diesen Wünschen Rechnung, z.B. durch Schaumstoffbettungskörper (Fabrikat Mössmer), vorgeformte Gleisbettungskörper aus bereits eingeschotterten Styropor-Teilen (Fabrikat Merkur-Styroplast) oder durch Kork-Gleisbettungskörper (Anbieter: Faller, Herkat, Old Pullman, Heki, Schuhmacher u.a.). Die Materialien sind da; es gilt nun, sie richtig anzuwenden. Nur zu schnell ist die beabsichtigte Geräuschdämmung durch unsachgemäßes und unbedachtes Arbeiten wieder zunichte gemacht. Schon in AMP-Band 3 „Modellbahn Anlagenbau" wurde auf diesen Problemkreis kurz hingewiesen.

Bei Planung und Bau des Bahndamms müssen die Überlegungen zur Geräuschdämmung bereits einbezogen werden. Denn unser gesamter Anlagenunterbau, der in der Regel aus Stabilitätsgründen ausnahmslos aus Holzteilen besteht, wirkt als „Resonanzkasten" und verstärkt die Rollgeräusche von den Schienen über das Gleisbett, den Bahndamm und den Rahmen bzw. die Anlagengrundplatte. Wer auf Ade- oder Conrad-H0-Schotterbettgleisen fährt, weiß um

die unangenehm lauten Fahrgeräusche, die hier durch den Gleisbett-Hohlkörper (aus Kunststoff) und dessen notwendiger Schraubverbindung mit dem Anlagenuntergrund hervorgerufen werden.

Man muß also die Resonanzkörper so klein wie möglich halten, damit sich die Geräusche nicht vervielfachen können. Im Klartext heißt das: Schienen und Schotterbett müssen von der übrigen Anlagenkonstruktion „mechanisch isoliert" sein; es dürfen keinerlei Verbindungen durch Nägel und Schrauben bestehen. Selbst hart austrocknende Kleber (wie die meisten Weißleime) können schon wieder einen kleinen Teil der Bemühungen um Geräuschdämpfung zunichte machen. Extrem geräuschempfindliche Modellbahner – vor allem, wenn sie eine große Anlage mit mehreren gleichzeitig fahrenden Zügen betreiben – verwenden deshalb einen elastischen Kleber (ähnlich dem „Gummi arabicum"). Diese Klebestellen bleiben dauerelastisch und können – mit gebührender Vorsicht – auch wieder gelöst werden. Auch Kontaktkleber, wie Pattex oder Greenit, eignen sich gut zum Aufkleben der Schwellenroste auf das Gleisbett.

Zurück zu Bahndamm und Gleisbett. In diesem Zusammenhang sei zunächst auf das Kapitel über die Bahndammgestaltung in AMP-Band 5 „Modellbahn Landschaft" verwiesen, um hier Wiederholungen zu vermeiden. Danach gilt beispielsweise, daß jeder Gleiskörper – mit Ausnahme des Bahnhofsbereichs – grundsätzlich auf einem „Bahnkörper" oder „Bahndamm"

Ideal und wirkungsvoll für die erforderliche Geräuschdämmung sind Gleisbettungen aus Korkstreifen. Erhältlich im Fachhandel sind in Gleismitte geteilte und seitlich bereits mit Böschungsschräge versehene Streifen aus reinem Kork (s. Lieferhinweise am Schluß des Buches) und Streifen aus mit Gummianteil durchsetztem Kork, die sich besonders gut verarbeiten lassen und farblich dem Schotter angeglichen sind (Anbieter: Herkat). Die Abbildung zeigt v. r. n. l. H0- und N-Bettungsstreifen von Herkat, 6 mm dicke H0-Korkbettungen von Schuhmacher und ein aus Streifen und Weichenplatte (Herkat) zusammengesetztes Gleisbett

ruht. Auch im flachen Gelände wird das Schotterbett nicht einfach „platt auf die Wiese gelegt". Die Gründe dafür liegen beim Vorbild unter anderem in der notwendigen Verfestigung des Unterbaus und der nicht weniger wichtigen Abflußmöglichkeit des Wassers bei starken Regenfällen.

Diesen Bahndamm wird man in der Regel aus Stabilitätsgründen aus Holz gestalten. Die seitlichen Schrägen (auf keinen Fall steiler als 45°) werden den Hinweisen in AMP-Band 5 entsprechend verkleidet. Die Dammkrone (obere waagerechte Fläche des Bahndamms) dient als Unterlage für das eigentliche Gleisbett, das auf keinen Fall direkt auf die Holzdeckplatte geklebt

oder gar geschraubt werden darf. Denn dann wäre das Thema Geräuschdämmung bereits erledigt und vermasselt.

Zwischen Dammoberfläche und Gleiskörper ist unbedingt eine Geräuschdämmungs-Zwischenlage aufzukleben. Sie kann aus dünnem Kork bestehen; besser noch ist eine Zwischenlage aus Zellkautschuk, einem weichen, aber im Gefüge dichten moosgummiähnlichen Kunststoff, der in Gummiwaren- oder Kunststoff-Fachhandlungen in verschiedenen Stärken erhältlich ist.

Soll der Bahndamm realistisch wirken, dann darf er andererseits auch nicht zu „klotzig" wirken, d. h. sein Querschnitt (Höhe und Breite) muß den umliegenden landschaftlichen Gestaltungsformen angepaßt sein. Außerdem ist auch dem Bahndammumfeld schon bei der Planung Aufmerksamkeit zu widmen. Wichtig für einen geplanten (vielleicht erst späteren) Oberleitungsbetrieb ist das Berücksichtigen der Fahrleitungsmasten, die später bequem auf Stützklötzen montiert werden können. Diese Stützklötze (aus Leisten mit einem Querschnitt von etwa 2 × 3 cm für H0 und 1 × 2 cm für N) müssen bereits in das Bahndammgerüst eingebaut werden. Dies geschieht zweckmäßigerweise jeweils in Höhe der Bahndammquerschnittstützen, die dann auch im jeweiligen Mastabstand gesetzt werden soll-

Die Skizze zeigt den prinzipiellen Aufbau eines Bahndamms im Modell. Wichtig (s. obere Skizzen) ist die Geräusch-Isolierung durch Zwischenlage von Moosgummi zwischen Bahndamm-Konstruktion und Gleisbett. Beim Planen des Bahndamms muß auch auf den vorgesehenen Einbau von Signalen, Oberleitungsmasten und auf Öffnungen im Grundrahmen geachtet werden, um beispielsweise nach Verkleidung des Bahndamms von unten noch an Signal- oder Weichenantrieb heranzukommen

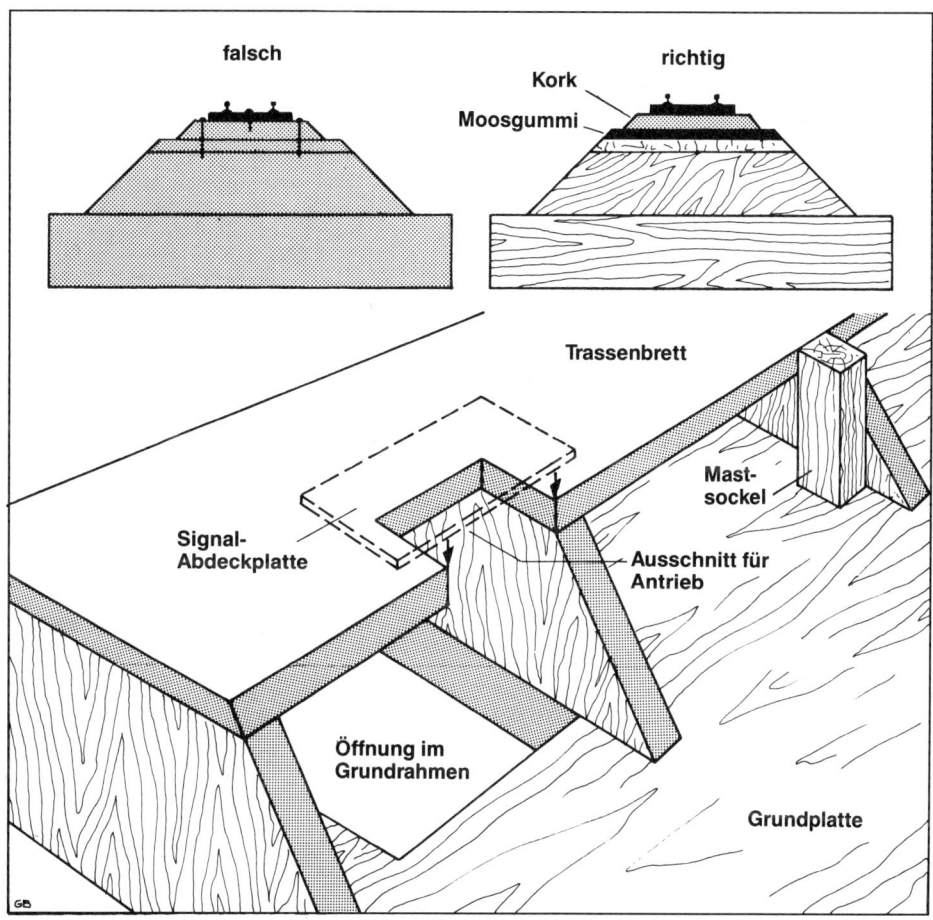

ten. Deshalb ist vor Baubeginn des Bahndamms zweckmäßigerweise auch die komplette Fahrleitungsanlage zu planen und in den Maßen festzulegen (s. Kapitel 8). Damit erspart man sich später unnötige und zeitaufwendige Umbau- und Anpassungsarbeiten.

Ähnliches gilt für das Aufstellen von Signalen, Stellwerken, Streckenfernsprechern usw. unmittelbar am Bahndamm. Bei Zubehören mit Antrieben (Signale, Weichen) muß daran gedacht werden, daß die Antriebe bei eventuellen Störungen leicht von unten erreichbar sind. Ein handgroßer Ausschnitt in der Anlagengrundplatte (falls in diesem Bereich eine vorhanden ist) direkt unterhalb des Antriebs erspart „zerstörerische" Eingriffe von oben. Deshalb dürfen Antriebe niemals oberhalb einer Bahndammstütze oder in Höhe einer Leiste des Grundrahmens montiert werden, weil dadurch die Zugriffmöglichkeit (Abschrauben oder Abklipsen) unnötig erschwert wird. Auf alle diese Punkte wird in der Skizze nochmals bildlich hingewiesen, als Ergänzung zu den bereits angesprochenen Hinweisen und Skizzen in AMP-Band 5 „Modellbahn Landschaft".

Nun zum Bau des Gleisbettungskörpers, der praktisch für alle Selbstbaugleise und industriell gefertigten Gleissysteme notwendig ist (mit Ausnahme des Ade- und Conrad-Gleissystems). In diesem Zusammenhang sei auf den großen Farbbildteil auf den Seiten 65 bis 80 verwiesen, der die einzelnen Arbeitsschritte (auch für den im nächsten Kapitel beschriebenen Gleis- und Weichenselbstbau) in deutlichen Demonstrations-Abbildungen zeigt.

Kork-Gleisbettungskörper haben sich heute im Gleis- und Anlagenbau als fast ideale Lösung weitgehend durchgesetzt. Die mit 45°-Schräge vorgefertigten und in Längen bis zu einem Meter erhältlichen Korkstreifen lassen sich leicht der gewünschten Gleisführung anpassen und auf den Untergrund kleben. Vor allem die mit Gummi-Zusatz vermischten Korkmaterialien (z. B.

von Herkat) besitzen eine gute innere Festigkeit, durch die ein Zerkrümeln beim Bearbeiten ausgeschlossen wird.

Normalerweise wird die Korkbettung als mittig geteilter Streifen geliefert, so daß auch das Verlegen von engeren Gleisbogen kein Problem darstellt, weil die schmalen Korkstreifen sich sehr elastisch jedem Radius anpassen. Zunächst wird die Gleismittellinie auf den Untergrund mit einem weichen Bleistift exakt dem Gleisplan entsprechend aufgezeichnet. Liegt auf der Gleistrasse (zwecks Geräuschdämmung) noch eine Lage Zellkautschuk, so ist die Mittellinie durch eingesteckte kleine Nadeln zu markieren. Dann werden längs dieser Mittellinie bzw. Nadelmarkierung die Korkstreifen beidseitig rechts und links aufgeklebt, nachdem sie zuvor auf der Unterseite mit Uhu-coll, Ponal oder einem anderen Kleber bestrichen wurden. Ein flächiges Beschweren oder (bei Radien) Festheften mit Stecknadeln (mit Glasköpfen) empfiehlt sich bis zum Abbinden des Leims.

Werden die Weichen, so wie es sein soll, vorher bereits montiert, ist das richtige Einfügen der verbindenden Gleise leichter, weil kleine Unkorrektheiten in der Gleisführung noch ausgeglichen werden können.

Damit ist der erste Schritt für ein solides und betriebsgerechtes Gleisbett getan. Jetzt können die Gleise und Weichen aufgeklebt werden oder der zeitaufwendigere, im Ergebnis aber oftmals sichtbar befriedigendere Gleis- und Weichenselbstbau kann beginnen; darüber die wichtigsten Informationen und Bauanleitungen im nächsten Kapitel.

Bahnkörper und Gleisbett anzufertigen ist kein besonderes Kunststück für den Modellbahner, wenn er sich an die erprobten Hinweise hält. Diese zielen nicht zuletzt auf eine wirksame Geräuschdämmung, um lästige Resonanzen beim Fahrbetrieb auszuschließen.

6

Gleis- und Weichenselbstbau

Der Gleis- und Weichenselbstbau macht Spaß; viele Bausatzangebote stehen zur Arbeitserleichterung zur Verfügung. Doch bevor Sie sich vorschnell entschließen, Ihre komplette Gleisanlage mit -zig Weichen selbst zu bauen, lesen Sie – und sehen Sie – wieviel Zeitaufwand und Akkuratesse bei der Arbeit notwendig sind, um ein Top-Ergebnis zu erreichen. Und beziehen Sie Ihren Fahrzeugpark mit in diese Überlegungen ein, denn längst nicht jeder Radsatz weiß, was Sie wollen.

Als erstes müssen Sie sich – wie schon zu Anfang angedeutet – für die Schienenprofilhöhe entscheiden; damit legen Sie sich ein für allemal fest. Dies gilt in erster Linie für den Selbstbau von Gleisen und Weichen in Baugröße H0, der nachfolgend auch Grundlage für die Baubeschreibungen ist. Bei Fahrzeugen der Baugrößen N und Z wird man sich in den meisten Fällen am vorhandenen Gleismaterial orientieren, denn das Abdrehen von Radsätzen (z. B. bei gewünschter Profilhöhe von 1,5 mm) und auch der Weichenselbstbau stellen deutlich höhere Anforderungen. Bei größeren Spurweiten (0 = 32,0 mm oder I = 45 mm) kommt es nicht vordergründig auf die Schienenprofilhöhe an, da hier die Diskrepanz zwischen Radsatz und Schienenprofil nicht solche Probleme aufwirft wie gerade in Baugröße H0.

Damit ist der direkte Zusammenhang zwischen der Wahl des Schienenprofils und den verwendeten Fahrzeugradsätzen schon angesprochen (s. a. Kapitel 3). Es ist eben nicht damit getan, daß man sich für ein weitgehend vorbildgerechtes Schienenprofil (d. h. niedriger und schmaler) entscheidet, man muß auch die Radsätze in diese Überlegungen einbeziehen. Das lichte Radsatz-Innenmaß (14,3 mm in H0), Spurkranzhöhe und -breite spielen eine wichtige Rolle, wenn der Betrieb über Gleise und Weichen reibungslos und sicher funktionieren soll. Verlassen Sie sich nicht auf Ihre Radsätze, denn deren Maße stimmen vielfach nicht überein, vor allem,

wenn es sich um ältere Fahrzeuge handelt. Zur rein theoretischen Überprüfung bietet hier die Tabelle der „Werksnormen" eine gute Hilfe, aber auch diese reicht nicht aus, denn die Fertigungstoleranzen sind relativ groß. Oftmals müssen Radsätze beispielsweise leicht zusammengedrückt oder aufgedrückt werden, damit ihr Innenmaß stimmt. Sonst klemmen sie mit Sicherheit am nächsten Radlenker oder innerhalb des Herzstückbereichs an dessen Flügelschienen. Also: genau prüfen! (Lehre verwenden!).

2,1-mm-Profile (und niedrigere) werden in der Regel aus nicht fräsbarem, relativ weichem Drahtmaterial gewalzt, während beispielsweise die exakt, aber heute leider etwas großvolumig wirkenden 2,5-mm-Profile von Schullern aus hartem, fräsbaren Neusilber gezogen sind. Daraus resultiert auch die bislang unübertroffene Qualität der gefrästen Herzstücke von Schullern (früher Nemec) gegenüber den geschliffenen und dann verlöteten Herzstücken anderer Bausatzfabrikate.

Ein weiterer Punkt, dessen Bedeutung sich vielleicht erst nach längerem Betrieb mit schweren Triebfahrzeugen herausstellen kann, ist die Stabilität der Weichenzungen und deren Befestigung. Doch ist dies sicherlich kein vordergründiges Argument für die Weiterverwendung der „dicken und hohen" 2,5-mm-Profile.

Drei Schienenprofilhöhen kommen vorrangig für die Verwendung im H0:-Gleisbau in Frage:

Code 70 = 1,8 mm Profilhöhe. Diese zierlichen und niedrigen Profile erfordern generell ein Abdrehen aller Fahrzeugspurkränze, sofern es sich nicht um RP-25-Radsätze handelt (Ausnahme: das von Herkat vertriebene schwedische Jomo-Jigs-Gleisbausystem). Bei Verwendung von 1,8-mm-Profilen empfiehlt sich normalerweise die Einhaltung der US-Normen NMRA (s. Modellbahn-Daten + Normen, Alba Verlag) für Radsatz und Gleis.

Code 83 = 2,1 mm Profilhöhe. Diese Schiene (dem Vorbild UIC 60 entsprechend) ist meiner Meinung nach heutzutage der „gesunde Kompromiß"; sie läßt sich von allen NEM-Radsätzen befahren und wirkt dennoch zierlich und gut proportioniert; auch in den USA findet dieses Profil (anstelle von 1,8 bzw. 2,5 mm) immer mehr Freunde. Das Code-83-Profil eignet sich meiner Meinung nach auch am besten als „optischer Ausgleich" zwischen einem perfekt maßstäblichen Gleisbett und den zwangsläufig überdimensionierten Fahrwerken mit betrieblich notwendigen Vergröberungen von Radsätzen, Lagern und Gestängen. Noch „einen Hauch besser" ist das Code 75-Profil (1,9 mm hoch).

Code 100 = 2,5 mm Profilhöhe. Die weiter oben geschilderten Vorzüge dieser höheren und kräftigeren Profile lassen die 2,5-Profile auch heute noch nicht als „Schnee von gestern" erscheinen. Aber die Entwicklung im Gleisbau geht halt weiter. Wer superdetaillierte Fahrzeuge heute als ein „Muß" ansieht, sollte beim Gleisbau nicht generell seine Ansicht ändern. Robuster und leichter zu verarbeiten sind die 2,5-mm-Profile sicherlich, während die niedrigeren deutlich höhere Sorgfaltsansprüche an das Gleisbett und den Gleisbauer stellen. Nur zu leicht neigen die zierlicheren Profile beim Verlegen im Selbstbau zum Durchbiegen und zu anderen Formveränderungen. „Bodenwellen" kleinster Art sind hier unbedingt auszuschließen. Die dickeren 2,5er Profile verkraften dagegen schon mal kleine Patzer beim Verlegen. Wer Optimales will, muß also auch seinem „Gleisbautrupp" mehr Sorgfalt zutrauen.

Nach der Übersicht über das Industriegleis-Angebot in Kapitel 4 folgt hier eine Zusammenstellung und Auflistung (ohne Anspruch auf absolute Vollständigkeit) über das Bausatz- und Teileangebot verschiedener Anbieter von Gleis- und Weichenbausätzen; nähere Einzelheiten sind den jeweiligen Katalogen zu entnehmen.

Nun zum Selbstbau der Gleise und Weichen; hierzu sei auf den Farbbildteil auf den Seiten 65 bis 80 hingewiesen, der die Reihenfolge der Arbeitsgänge besonders deutlich in Details wiedergibt und die in diesem Kapitel ausführlich beschriebenen Arbeiten ergänzend illustriert.

Wenden wir uns zunächst, weil es zu Anfang leichter ist, dem Gleisbau zu, obwohl beim Aufbau der Gleisanlage zuerst die Lage der Weichen als Fixpunkte festgelegt und dann erst die Verbindungsgleise dazwischengefügt werden.

Nachdem der Gleisunterbau anhand der Hinweise in Kapitel 5 fertiggestellt ist, kann mit dem eigentlichen Gleisbau begonnen werden, der auch das Einschottern beinhaltet. Zunächst ein Überblick über die sich derzeit als Alternativen anbietenden Möglichkeiten mit ihren Vor- und Nachteilen.

Anmerkungen zur nebenstehenden Tabelle:
[1] gelocht und ungelocht, auch mit Schienenklammern montiert lieferbar; [2] lieferbar sind Durchsteckklammern und Schienenplatten zum Nageln; [3] auch in 12°-Ausführung, r = 1800 mm mit außenliegenden Zungen; [4] alle Old Pullman-Weichenbausätze mit 1,8- oder 2,5-mm-Profil (ohne Holzschwellen) und ohne Profileinfärbung. Weichenradien von 380 mm (14°) bis 1700 (7°); [5] auch rostfarben erhältlich; [6] gelochte Schienenstühle für Nagelbefestigung; [7] Schienenprofile werden direkt auf Schwellen geklebt, mit Hilfe von Spannvorrichtungen können Bogenflexgleise montiert werden. Weichenbausätze mit Schwellenrost und Einlegeschablone für Profile (müssen selbst zugeschnitten werden); [8] alle Schuhmacher-Bausätze werden mit 1,8- oder 2,1-mm-Profilen geliefert, mit gebeizten Holzschwellen und Schienennägeln (ohne Schienenplatten), auch ein Kunststoff-Schwellenrost für Code 83-Flexgleise ist lieferbar; [9] Schienenunterlegplatten mit Hakennägeln aus Ms-Schleuderguß für Code 55-Profile (1,4 mm) für Länderbahn-Nebenbahnen

H0-Bausätze für Gleise + Weichen

Anbieter	Schwellen-bänder	Schienen-profilhöhe in mm	Holz-schwellen einzeln	Schienen-klammern einzeln	Weichen-bausätze	Sonder-formen	Fertig-weichen
Schullern	–	2,5	x[1]	x[2]	15°, 12°; 1:5,5; 1:6,6; 6°; ABW 15°; ABW 12°; IBW 10°20'; 8°40'	DKW[3] 15°; EKW[3] 12°; 8°40'; Kr 12°; 15°, 24°; 30°; 10°20'; 1:2,75; 20°40'; 1:6,6; 8°40'; 17°20'	EW 12°; 15°
Old Pullman[4]	–; –	1,8[5]; 2,5[5]	x; x	x[6]; x[6]	7°, 9,5°; 12°, 14°; IBW 9,5° (2 Ausf.)	DKW 9,5°; EKW 9,5°; Kr 9,5°; 19°	–
Jomo Jigs[7]	270 mm	1,8	–	–	9,5°; 14°	DKW; 9,5°, 14°	–
Schuhmacher[8]	–	1,8; 2,1	x	–	7°, 9,5°; 12°, 14°; 19°; IBW 7°, 9,5°, 12°; ABW 7°, 9,5°	DKW + EKW 7°, 9,5°, 12°, Drei-wegw. 9,5°; Kr 7°, 9,5°, 12°; 14°, 24°	auf Anfrage
Peco			Kunst-stoff	x	–	–	s. Tabelle Kap. 4
Kramer	–	–	–	x[9]	–	–	–

H0-Schmalspur-Bausätze für Gleise + Weichen

Anbieter	Spurweite	Schienenprofilhöhe in mm	Holzschwellen einzeln	Schienenklammern einzeln	WeichenBausätze	Sonderformen	Fertigweichen
Ferro Suisse[1]	H0m (16,5/12 mm)	1,8	–	–	7°, 9,5°, 12° IBW 7° ABW 7° Dreiwegweiche 9,5°	Kr 9,5°, 19° DKW 9,5° doppelte Gleisverbindung 9,5°	
Old Pullman[2]	H0/H0m (16,5/12 mm)	1,8	–	–	9,5°		
Schuhmacher[3]	H0m (12 mm)	1,8	x	x	7°, 9,5°, 12° 14°	DKW 9,5° EKW 9,5° Kr 9,5° 19°	auf Anfrage
	H0e (9 mm)	1,8	x	x	9,5°, 12°, 14° IBW 9,5°	DKW 9,5° EKW 9,5° Kr 9,5° 19°, 30°	auf Anfrage

Anmerkungen:
[1] Vorgespurtes Bausatzprogramm mit brünierten Profilen, Schwellen gebeizt und abgelängt, Nagelbefestigung; auch Zweispurweichen H0/H0m; Radien von 750 bis 1600 mm; [2] Ausführung wie Ferro Suisse, nur als Zweispurweichen H0/H0m lieferbar (Schmalspur rechts oder links), zusätzlich H0-Normalspurweiche 9,5°; [3] alle Bausätze mit gebeizten Holzschwellen und Montagezubehör, auch Zweispurweichen H0/H0m und Spurwechselgleise, verschiedene Radien. Schuhmacher liefert auch komplettes Bausatzangebot nach Code 55 (1,4 mm) für N-Fahrzeuge (nur für RP 25-Radsätze); Sonderanfertigungen möglich. Wichtig für H0-Schmalspurfreunde: das Bemo-Gleissortiment (s. Katalog).

„Was soll man nun machen?" scheinen die beiden Mini-Modellbahner sich zu fragen und schauen etwas ratlos auf das 2,5 mm hohe Code-100-Profil und das dahinter auf der Schwelle liegende 2,1 mm hohe Code-83-Profil. Diese schwierige Entscheidung muß der Modellbahner letztendlich selbst treffen. Zur Entscheidungsfindung tragen die Hinweise in diesem Band sicherlich nicht unwesentlich bei. Vor allem die Baubeschreibungen für Gleise und Weichen (nach jeweils unterschiedlichen Methoden) zeigen, daß der Selbstbau auch viel Zeiteinsatz verlangt. Im „Normalfall" heißt die fast ideale Lösung wohl immer: industriell gefertigtes Gleismaterial (Flexgleise) in Kombination mit Weichenbausätzen. Bei der Schienenprofilhöhe in H0 geht der Trend künftig zweifellos weg von den 2,5-mm-Profilen und hin zu den 2,1-mm-Profilen (Code 83) und 1,9-mm-Profilen (Code 75, von Peco), die sich von allen Fahrzeugen mit Normrädern befahren lassen, ohne daß ein Abdrehen von Spurkränzen erforderlich wird   Foto: Klaus Spörle

Drei H0-Schotterbettgleise in Variationen; links das Röwa/Conrad-Gleis in der wohl realistischsten Großserien-Ausführung, daneben ein Fleischmann-Profi-Gleisstück, das nach Aufkleben auf ein Korkbett und anschließendem Einschottern deutlich besser in der Gesamtwirkung gefällt (rechts)

Dreimal Roco H0: links das seit Jahren bewährte Standardgleis mit 2,5-mm-Profil, in Bildmitte das ab 1989 lieferbare neue Code-83-Gleis (2,1-mm-Profil) und rechts das neue Gleis nach dem Einschottern und Aufkleben auf eine Korkbettung – ein Industriegleis mit „sicherer Zukunft"

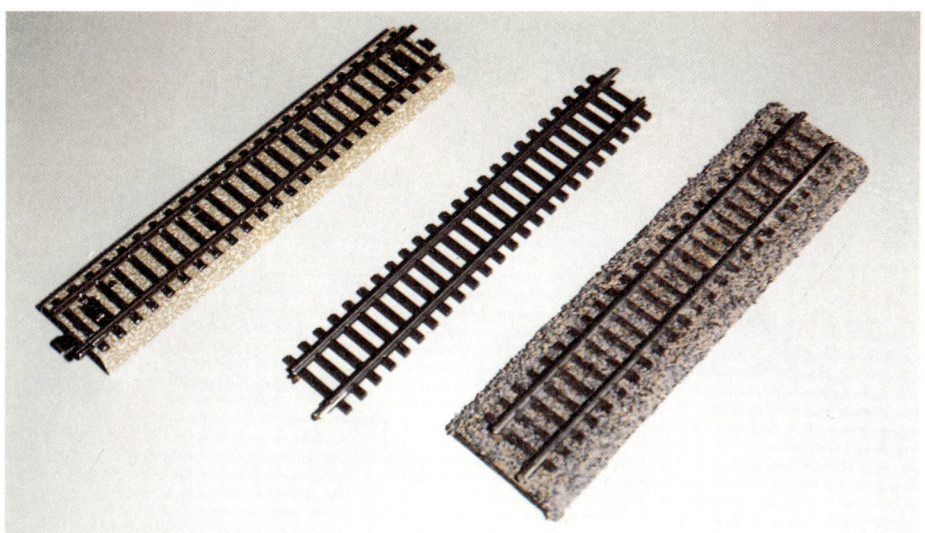

Für Modellbahn-Anlagen vom Aussehen her heute eigentlich nicht mehr akzeptabel ist das Märklin-Metall-gleis M (links), wohl aber das Kunststoff-K-Gleis, wenn es auf ein Korkbett verlegt und fachgerecht einge-schottert wird; die Punktkontakte in Schwellenmitte fallen dann kaum mehr auf

Die beiden links abgebildeten Gleise demonstrieren unterschiedliche Schotterfarbwirkungen; außen ein sehr hell eingeschottertes Arnold-N-Gleis, in Bildmitte das gleiche Gleisfabrikat mit dunklem Schotter. Rechts daneben ein Bemo-H0m-Gleis

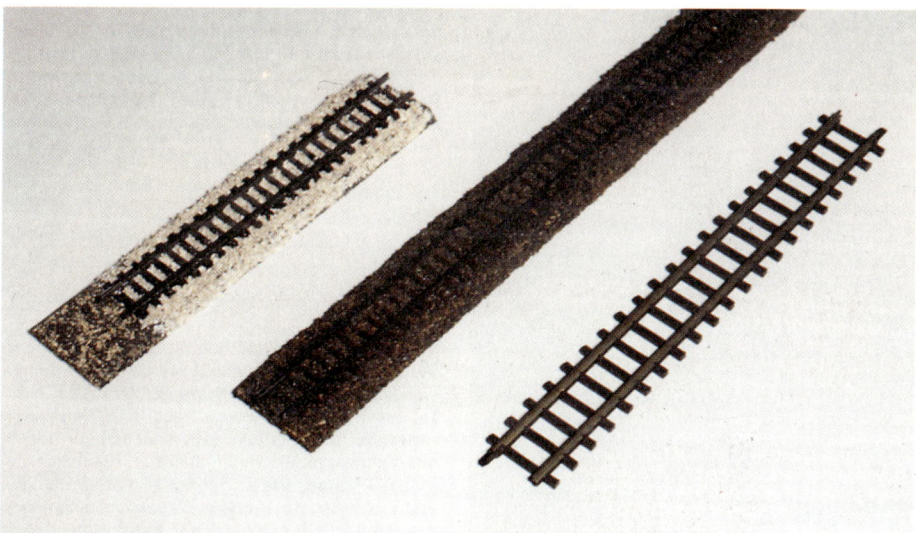

Hier präsentieren sich das eingeschotterte Schuhmacher H0-Gleis (Code 83) neben dem bekannten Shino-hara-Code-70-Gleis und einem ebenfalls eingeschotterten Code-100-Gleis aus Teilen des Gleisbauange-bots von Schullern (Schuhmacher und Schullern liefern alles für den Gleisselbstbau)

Nicht nur die Gleise, vor allem die industriell gefer-tigten Weichen gewinnen deutlich, wenn sie richtig eingeschottert und farblich behandelt werden; im Bild die neue Roco-15°-Weiche mit 2,1-mm-Profil. Der rotbraune Schotter ist eine Kibri-Mischung. Gut zu sehen: die in einem Kunststoffteil auslaufende Herzstückspitze   Foto: Klaus Spörle

Rechts: Von einem solchen realistisch wirkenden Gleisbild muß der Modellbahner nicht nur träumen – es läßt sich mit etwas Mühe und Geschick in die Tat umsetzen. Hier wurde Peco-H0-Gleismaterial verwendet (mit Schullern-Herzstücken für besse-ren Fahrzeuglauf). Beim Schotter dominiert ein grauer Farbton, wie er bei neuen Gleisbettungen anzutreffen ist; die Antriebs-Kanalstücke stammen von NMW   Foto: Klaus Spörle

Der erste Arbeitsgang beim Gleisverlegen: Aufkleben der Korkbettstreifen (Kleber je nach Untergrund), Andrücken der Streifen und – bei Radien – Fixieren mit Glaskopf-Stecknadeln oder kleinen Nägeln, die später wieder herausgezogen werden

Wenn das Korkgleisbett festgeklebt ist (ggf. Stecknadeln bzw. Nägel entfernen), wird das Schwellenband auf der Unterseite mit etwas Kleber (bei Kunststoffschwellen z. B. Uhu-coll spezial) auf etwa jeder vierten Schwelle dünn bestrichen

Je nach Verarbeitungsvorschrift des Kleber-Herstellers wird das komplett montierte Schellenbandgleis jetzt auf die Korkbett-Unterlage gelegt (bei Kontaktklebern vorher kurz ablüften lassen) und nach genauem Ausrichten gleichmäßig angedrückt

Bei längeren Gleisabschnitten kann ein gleichmäßigeres Andrücken auch durch ein Stück Kunststoffrohr (Bild), eine Getränkedose oder mit einem andern zylindrischen Gegenstand bzw. mit einer Leiste erfolgen. Vorsicht: Nicht zu fest aufs Gleis drücken!

Jetzt werden die Böschungsschrägen des Korkgleisbettes dünn und gleichmäßig mit Weißleim bestrichen. Als besonders praktisch hat sich hierbei die Uhu-coll-Plastikflasche erwiesen, die eine genaue Dosierung des Weißleims erleichtert

Auf die mit Leim bestrichenen schrägen Kanten des Korkbettes wird der Schotter gleichmäßig aufgestreut; dies kann z. B. mit einem kleinen Löffel geschehen. Anschließend wird der Schotter mit dem Finger vorsichtig angedrückt; er kann nun antrocknen

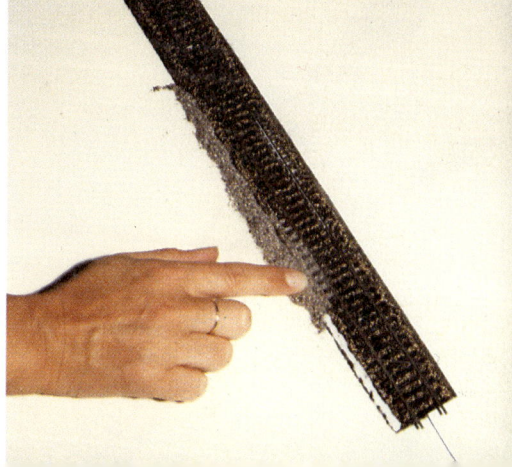

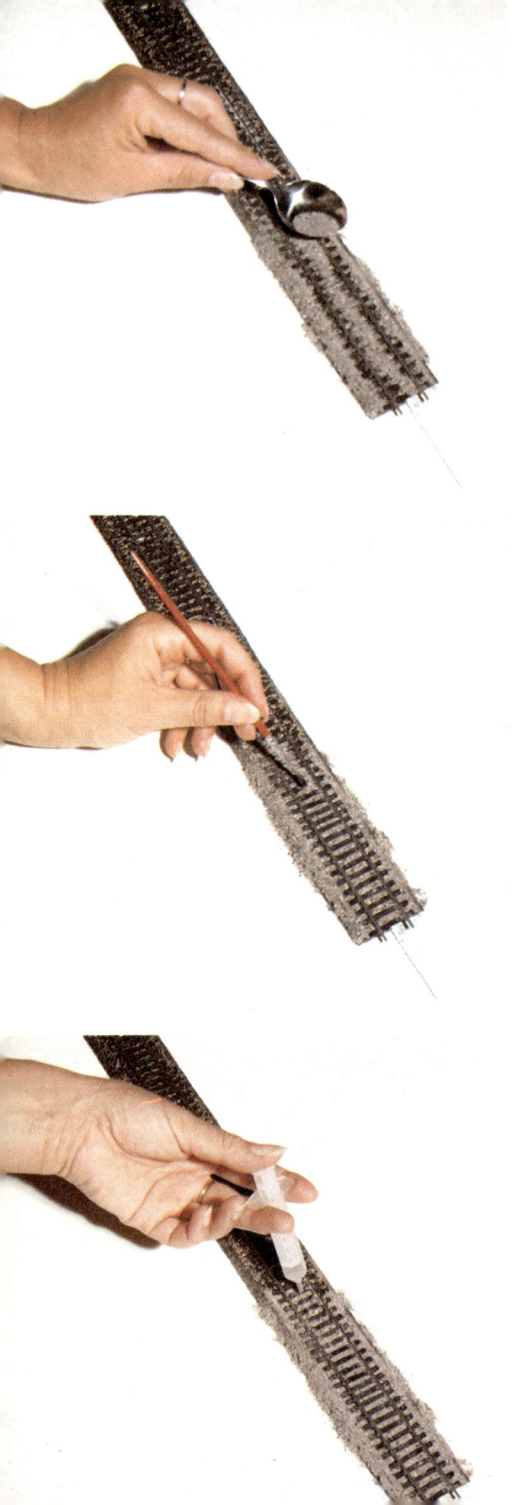

Jetzt kann die waagerechte Korkbettfläche zwischen dem Schwellenrost gleichmäßig und möglichst dünn mit einer Schotterschicht bestreut werden. Als geeignetes „Werkzeug" bietet sich hierfür wiederum ein kleiner Teelöffel an

Die jetzt folgende Arbeit erfordert ein wenig Fingerspitzengefühl: Der Schotter wird mit einem feinen Pinsel gleichmäßig (dünn) zwischen den Schwellen verteilt. Lassen Sie sich Zeit dafür, damit kein unverwünschtes Körnchen auf dem Schienenfuß liegen bleibt

Ein stark verwässertes Weißleimgemisch wird mittels Plastikspritze auf den Schotter geträufelt und dringt praktisch in alle Zwischenräume und benetzt jedes einzelne Schotterkörnchen; nach dem Aushärten wirkt der Schotter ein wenig dunkler

Rechts: Dieses perfekt gestaltete H0-Motiv einer nachgestellten Weichenbaustelle soll der „anfeuernde Startschuß" sein für die auf den nächsten Seiten folgenden Illustrationen zum Thema H0-Weichenselbstbau   Foto: Klaus Spörle

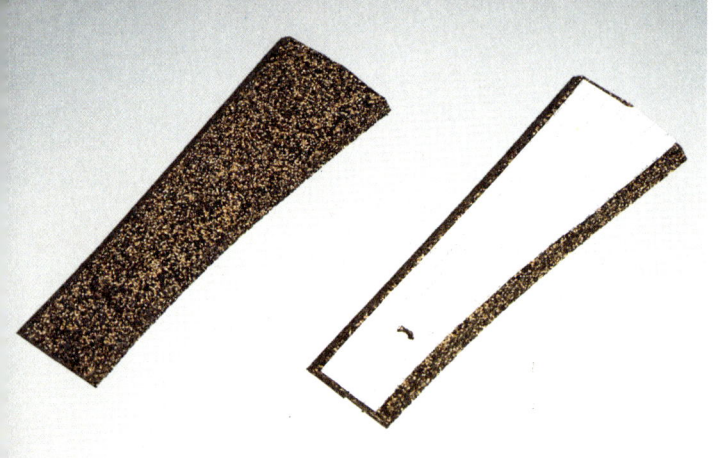

Hier „Stichwort-Illustrationen" für den Weichenbau: Die Korkbettung wird zurechtgeschnitten und verklebt. Dann wird die Weichenschablone darauf geklebt. Nicht vergessen: das genügend große Langloch im Korkbett für den Weichenzungen-Stelldraht

Der nächste Arbeitsgang ist das sorgfältige Aufkleben der genau abgelängten Holzschwellen auf die Schablone, die anschließend mit verdünnter noch durchscheinender Farbe braun getönt wird (auf den Abbildungen der Übersichtlichkeit halber weggelassen)

Gerade Backenschienen, Zwischenschienen, Zungen und Herzstück werden mit Hilfe von Spurlehren so auf die Schwellen gelegt, daß die Zungenstellbrücke sich einwandfrei bewegen läßt; Trennstellen für Zungen und Zwischenschienen werden markiert

Nach Abtrennen von Zwischenschienen und Zungen werden Herzstück und gerade Backenschiene exakt (Spurlehren!) mit kleinen Nägelchen montiert. Wichtig: Kleine Vertiefungen in den Schwellen für die Zungengelenke (Schienenverbinder)

Jetzt werden die übrigen Schienenteile der Weiche – wie im Haupttext beschrieben – sorgfältig mit Hilfe von Spurlehren montiert. Die abgewinkelten Nägelchen müssen exakt eingedrückt werden; statt dessen können auch Nagelplättchen verwendet werden

So sieht eine fertige H0-Weiche aus, die mit Code-83-Profilen aus einem Schuhmacher-Bausatz montiert wurde (Korkgummibett: Herkat, Schotter: Kibri). Das Einfärben der Schienenprofile ist bei diesem Musterbeispiel noch nicht ganz korrekt ausgeführt

Keine Sorge, mit diesem schon etwas schwierigeren Bau einer Doppelweiche (aus einem Schuhmacher-Bausatz) soll die Beschreibung nicht fortgesetzt werden; solche Spezialformen sind aber nur im Selbstbau zu erstellen und im Prinzip des Bauablaufs ähnlich wie bei einer einfachen Rechts- oder Linksweiche
Foto: Klaus Spörle

Ein als Bohlenübergang „getarnter" Entkuppler (Fabrikat Repa), der sich zum sicheren Entkuppeln aller gängigen Großserien-Kupplungen eignet. Auch die neuen Kurzkupplungen von Fleischmann, Märklin und Roco lassen sich damit lösen
Foto: Ertmer

Sozusagen „vieles auf einen Blick": Gleis- und Weichenbau mit Holzschwellen und Schullern-Bausatzma-
terial (Anlage Nußbaum). Deutlich sind verschiedene Baustadien zu sehen: Gleismittellinien auf der Anla-
gen-Grundplatte, aufgeklebte Weichenschablonen mit Holzschwellen und fertig eingefärbte und geschot-
terte Weichenbettungen. Bereits in diesem Baustadium wichtig ist das Einplanen der Kabelkanäle, An-
triebs- und Umlenkkästenattrappen, hier bereits angedeutet durch Filzstift-Linienführung auf der Anlagen-
Grundplatte   Foto: Ertmer

„Fast fertig" ist jetzt die links gezeigte Weichenstraße; ein Teil der Antriebskästen und Kanalstückattrappen (hier: Fabrikat Repa) ist bereits in unmittelbarer Weichennähe montiert. Erst wenn alle Weichen ihren vorgesehenen Platz „vor Ort" gefunden haben, werden die zwischen Weichen und Kreuzungen liegenden Gleisstücke gebaut und sorgfältig eingepaßt; so lassen sich eventuelle kleine Unregelmäßigkeiten in der Linienführung noch ohne große Mühe ausgleichen. Regt Sie diese Abbildung nicht zum Selbstbau geradezu an?   Foto: Ertmer

Abbildungen Seite 80:

Ein Blick aufs Vorbild (hier im Schwarzwald-Bahnhof Bärental am Titisee) zeigt neben der Handweiche ein Fahrleitungssignal (s. a. Skizze in Kapitel 8), das anzeigt: das Nebengleis links kann von Fahrzeugen mit gehobenem Stromabnehmer nicht befahren werden

Inzwischen sind es ein paar mehr Mini-Modellbahner geworden, die jetzt bewundernd vor der fertigen Weiche stehen. Gleichgültig, wie und womit Sie bauen – sie werden ebenso stolz auf Ihren ersten erfolgreich montierten Weichenbausatz sein   Foto: Klaus Spörle

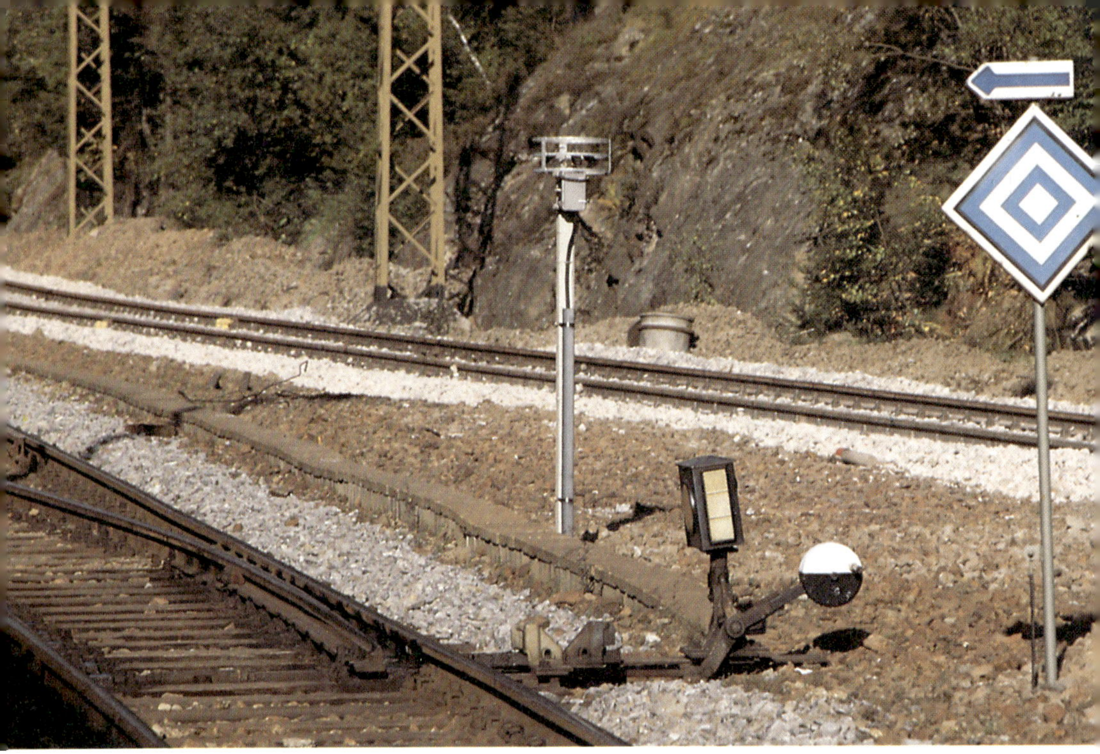

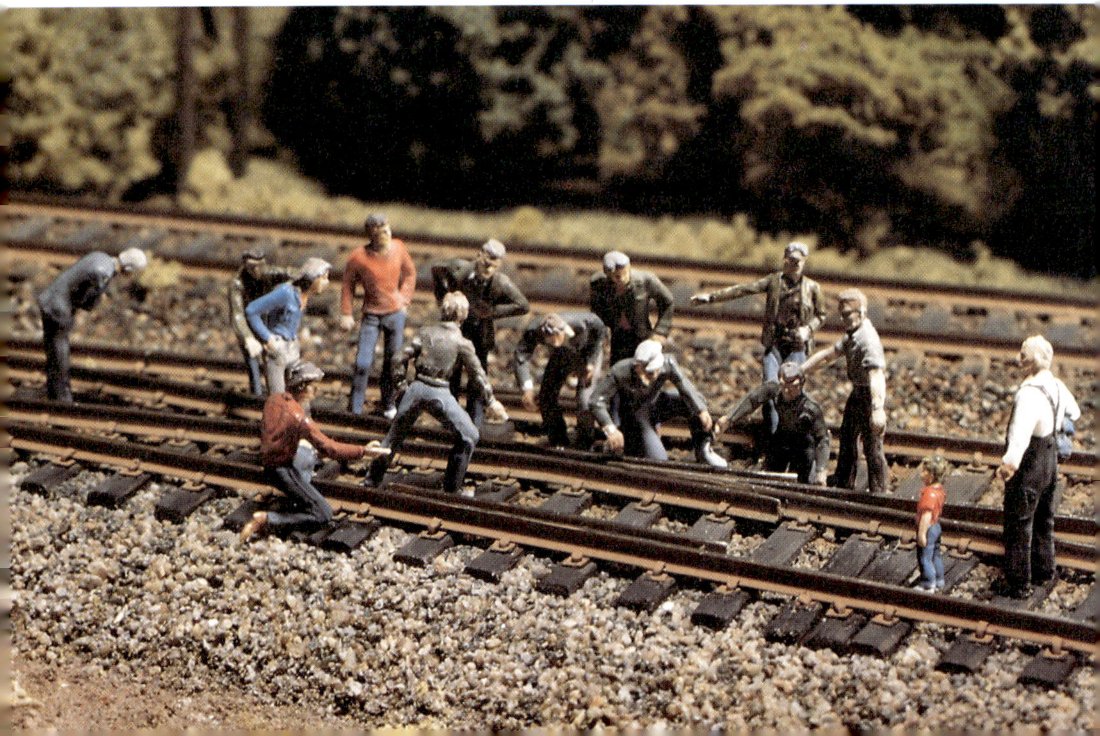

1. Gleisverlegung mittels konfektionierter Flexgleise, wie sie praktisch jeder Gleishersteller anbietet. Vorteil: schnellste und sicherste Gleisbaumethode. Nachteil: Schienenprofile und Schwellen der Weichen (einschließlich Kleineisen-Imitation) müssen in Ausführung und Aussehen vor allem im vorderen Anlagenbereich diesem Flexgleis angepaßt werden. Beispiel: Wer die Roco-H0-Gleise mit 2,1-mm-Profil verwendet, muß entweder auch die dazu passenden Roco-Weichen einbauen oder den Weichenselbstbau mit den von Schuhmacher angebotenen Code-83-Profilen „durchziehen". Für diese Bausätze gibt es allerdings keine Schienenplatten, sondern nur die direkte Nagelbefestigung nach US-Muster. (Plättchen können ggf. untergelegt werden).

2. Selbstbaugleise unter Verwendung von gelochten oder ungelochten Einzelschwellen und selbst einzulegenden Schienenprofilen. Vorteil: mehr Freizügigkeit bei der Profilhöhe und gute Anpassungsmöglichkeit an die Weichenbausätze. Nachteil: zeitaufwendige Gleisverlegung, sehr sorgfältiges Arbeiten mit Spurlehren zur Einhaltung des Schienenabstands (Spurweite). Beispiel: gelochte Schwellen mit Durchsteckklammern oder ungelochte Schwellen mit Schienenplatten zum Nageln bietet in H0 beispielsweise die Firma Schullern; Schienenstuhl-Nagelbefestigung bietet auch Old Pullman. Bei Schuhmacher gibt es ungelochte Schwellen; hier müssen die Schienenprofile mittels abgewinkelter Nägelchen direkt befestigt werden – ohne Spurlehren in ausreichender Anzahl läuft da nichts Vernünftiges.

Wenn Sie nicht ein kleines Diorama mit nur wenigen Streckenmetern bauen wollen, empfehle ich Ihnen die Verwendung fertiger Flexgleise (bzw. vorgefertigter Schwellenroste), deren Verlegen enorme Zeitersparnis bringt und eine perfekte Nachbildung des Kleineisens.

Um die Lage des Korkbettungskörpers, und damit die Gleisführung, exakt festzulegen, gibt es wiederum zwei Möglichkeiten: Entweder markieren Sie die Gleismittellinie durch einen Bleistiftstrich (bei Sperrholzuntergrund), oder, wenn vorher der besonders geräuschdämmende Zell-

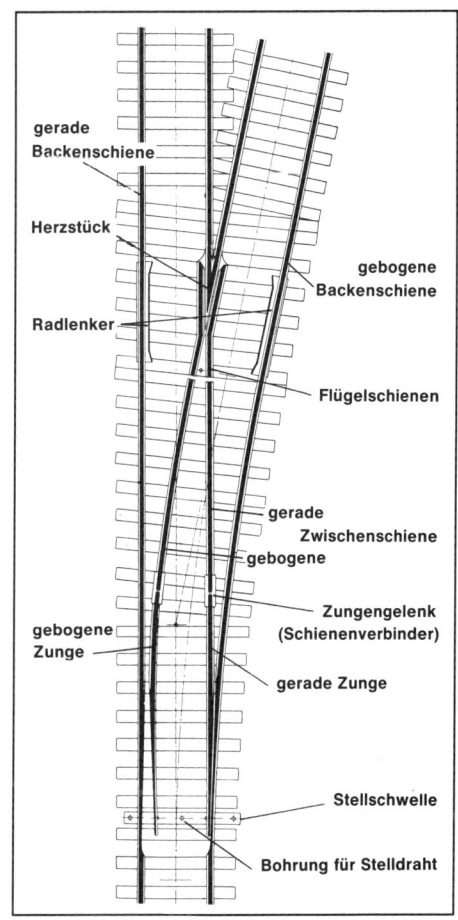

gerade Backenschiene

Herzstück

gebogene Backenschiene

Radlenker

Flügelschienen

gerade Zwischenschiene
gebogene

Zungengelenk (Schienenverbinder)

gebogene Zunge

gerade Zunge

Stellschwelle

Bohrung für Stelldraht

In dieser Übersichtsskizze sind die „Einzelteile" einer Weiche mit ihren entsprechenden Bezeichnungen dargestellt. Als Grundlage für die Skizze diente eine Original-Weichenschablone des H0-Gleis- und Weichenbausatz-Herstellers Schullern

kautschuk aufgeklebt wurde, pieksen Sie Stecknadeln mit Glasköpfen entlang der Gleismittellinie. Rechts und links dieser Mittellinie werden die (in der Mitte in Längsrichtung geteilten) Korkgleisbettungskörper aufgelegt, nachdem sie vorher von der Unterseite her mit Weißleim (Ponal express oder Uhu-coll express) bestrichen wur-

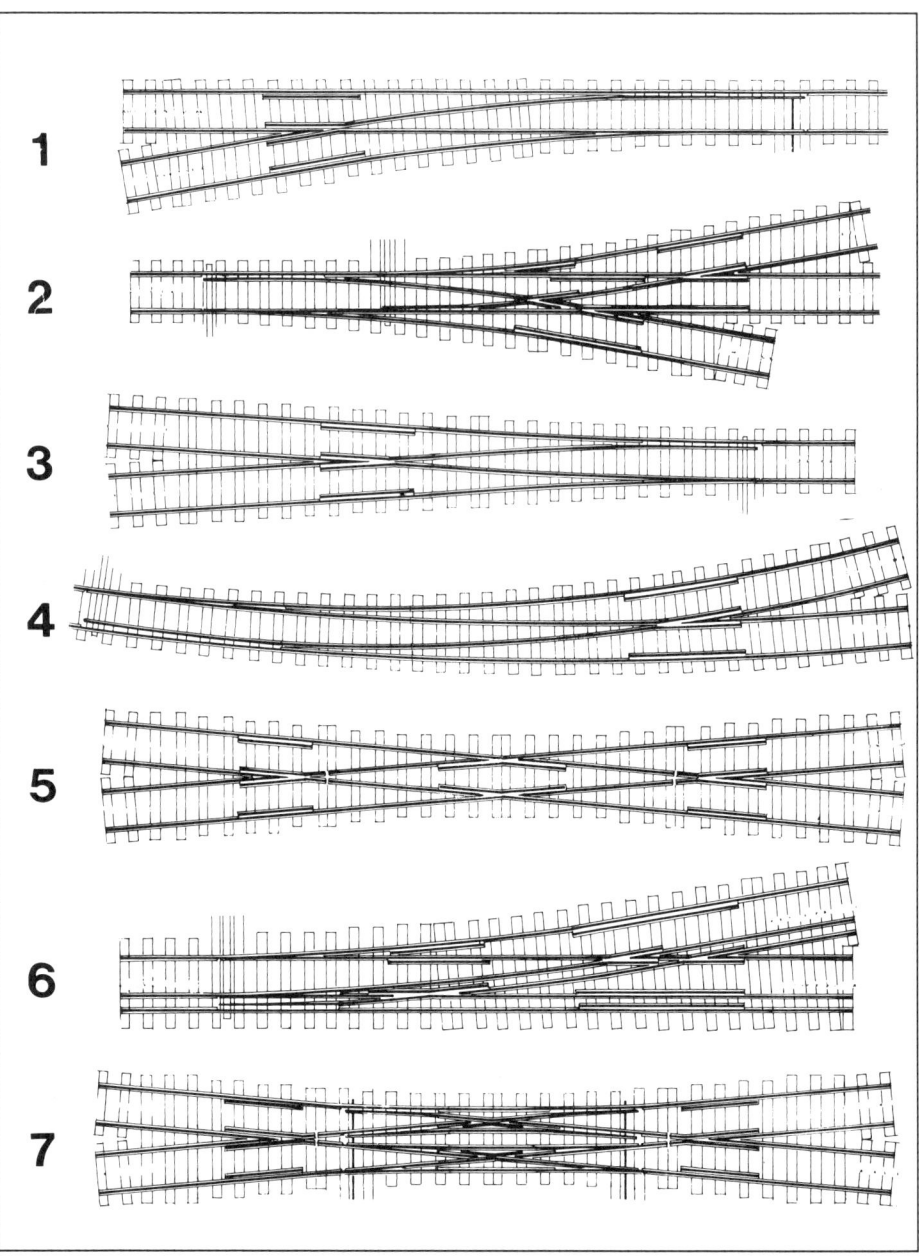

1

2

3

4

5

6

7

den. Dabei dienen Bleistiftmarkierungen bzw. Stecknadeln als sichere Orientierungshilfe für das richtige Verlegen. Nach der relativ kurzen Abbindezeit des Schnellklebers (unter 10 min) können die Nadeln entfernt werden. Wer ganz sicher gehen will, heftet die jeweiligen Enden der Korkstreifen noch eine Weile mit Nadeln zur Arretierung fest und drückt die Bettungsstreifen nochmals an.

Als Korkstreifen empfehle ich Ihnen diejenigen mit Gummizusatz – sie sind elastischer und neigen nicht zum Krümeln. Außerdem ist ihre durch den Gummizusatz etwas dunkel melierte Farbgebung günstiger, falls sich später mal ein paar Schotterkörnchen lösen sollten.

Ist das Korkbett fest mit dem Untergrund verbunden, kann das Schwellenbandgleis aufgeklebt werden. Das kann entweder mit Weißleim geschehen (das ist mehr „Haften" als „Kleben") oder mit einem Kontaktkleber, wie Pattex oder Uhu-Kraftkleber. Es genügt in diesem Fall das dünne Einstreichen der Schwellenband-Unterseite, denn schließlich geht es hier nicht um „Elefanten-Zugkräfte", sondern nur um einen sicheren Halt des Schwellenbandes. Beim Aufkleben von Märklin-K-Gleisen mit ihren Metall-Verbindungsstreifen auf der Schwellenunterseite kann unter Umständen ein Festkleben auf dem Gleisbett mit Zweikomponenten-Kleber ratsam erscheinen, damit das Gleis dauerhaft „sitzt". Bei geraden Gleisen ist das alles kein Problem; aber bei Radien, vor allem bei relativ kleinen, bedarf es bis zum Abbinden des Klebers ebenfalls der sicheren Arretierung und eines kurzzeitigen Beschwerens. Dies geschieht durch Nägelchen, die in die vorhandenen Schwellenband-Bohrungen eingedrückt werden – aber nur so weit, daß sie sich nach dem Abbinden des Klebers leicht mit einer Zange greifen und wieder herausziehen lassen. Diese Nägelchen zur vorgegebenen Radius-Fixierung soll-

ten aber nicht über die Schienenkopfoberfläche hinausragen, damit sich das Andrücken des Schwellenbandes leichter durchführen läßt. Man kann das beispielsweise durch Überrollen mit einer Getränkedose erreichen oder durch kurzzeitiges Beschweren mittels einer Leiste und einem leichten Gewicht (z. B. Bügeleisen, Konservendose u. a.). Letzteres empfiehlt sich vor allem bei Code-70- oder Code-83-Gleisen, um an kritischen Stellen (z. B. an Schienenstößen) ein ungewolltes Durchdrücken der empfindlichen Schienenprofile zu verhindern.

Nach Abbinden des Klebers werden Nägel und Gewichte entfernt. Das Gleis ist jetzt fest mit seinem Bett verbunden und kann eingeschottert werden. Für das Einschottern bieten sich – Sie haben es sicher schon erwartet – wiederum zwei Methoden an; beide sind sie bewährt und zeigen beste Ergebnisse. Testen Sie selbst an einem kurzen Gleisstück, welche Ihnen persönlich mehr zusagt.

Bei kurzen geraden Gleisstücken, z. B. Füllstücken zwischen zwei Weichen, kann man vor dem Auflegen und Fixieren des Schwellenbands oder der Fertiggleisstücke gleich das gesamte Gleisbett satt (aber auf keinen Fall zu dick!) mit einer Weißleimschicht einstreichen. Nach genauem Gleissitz werden die Schwellen-Zwischenräume und die Seitenkanten der Böschung zügig mit Schotter bestreut. Vorteil dieser Methode: Der Gleisbau geht „in einem Zug" ziemlich schnell von der Hand; Nachteil: Man kann wegen der Kleber-Abbindezeit nur relativ kurze Gleisabschnitte (zwischen etwa 30 und 60 cm) abschnittsweise montieren und muß mit „Schotterklumpen" (Anhäufungen durch an einigen Stellen hervorquellenden Kleber) rechnen, die sich später nur mühsam wieder entfernen lassen. Besser, aber wesentlich zeitaufwendiger ist es, nach dem zu Anfang beschriebenen Festkleben des Schwellenbands die Zwischenräume mit

Sieben typische, im Modellbahnbau oft verwendete Weichenformen zeigt diese Übersicht in verkleinerter Wiedergabe. 1 = einfache Weiche (Linksweiche), 2 = unsymmetrische Dreiwegweiche, 3 = symmetrische Außenbogenweiche (Y-Weiche), 4 = Innenbogenweiche, 5 = Kreuzung, 6 = Zweispurweiche für Regel- und Schmalspurgleis, 7 = Doppelkreuzungsweiche (sie kann betrieblich meist durch einfache Kreuzungsweichen ersetzt werden). Fast alle Weichenformen, die beim Vorbild anzutreffen sind, werden als H0-Bausätze (zum Teil auch für 0 und N) von verschiedenen Herstellern angeboten (s. a. Lieferübersicht)

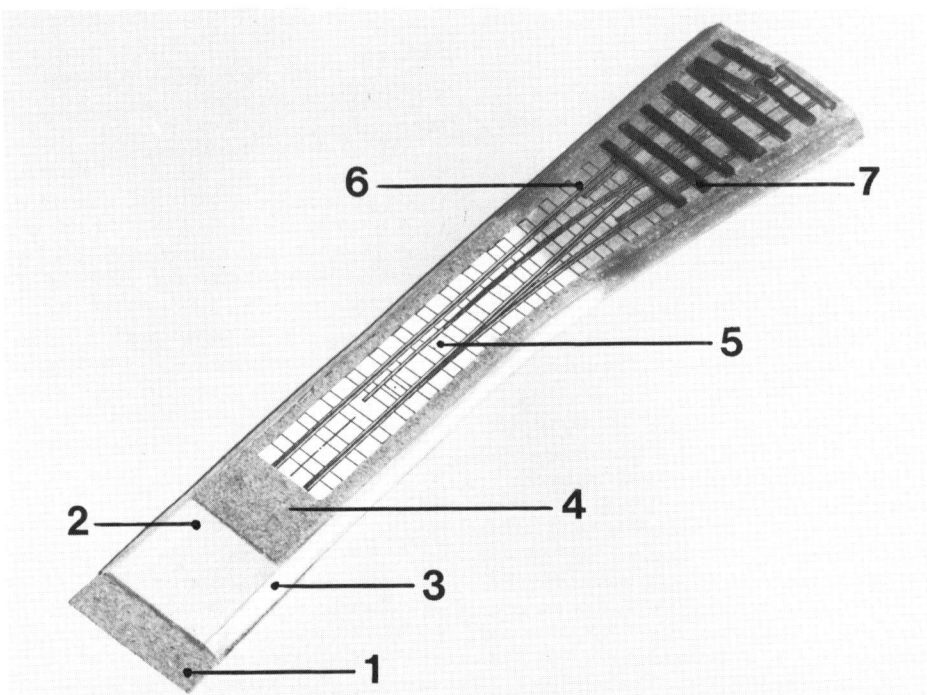

Nach diesem Aufbauschema kann eine Selbstbauweiche (unter Verwendung von Bausatzteilen) montiert und verlegt werden: 1 = 1 mm Korkunterlage, 2 = 4 mm Pappelsperrholz als Gleisbett, 3 = 45°-Schräge am Gleisbett anfeilen, 4 = 1 mm Korkunterlage als weitere Geräuschdämmung (die Teile 1, 2 und 4 können auch durch ein Gummikorkbett ersetzt werden), 5 = aufgeklebte Weichenschablone, 6 = Einfärben der Schablone, 7 = Aufkleben der eingefärbten Schwellen

Hilfe einer Pipette oder Plastik-Einwegspritze mit verdünntem Weißleim (ca. 20–30% Wasserzusatz) zu bestreichen und dann den Schotter aufzustreuen. Diese Methode eignet sich vor allem dann ganz gut, wenn man den Gleisbau mit Hilfe von Einzelschwellen (z.B. fast immer im Weichenbereich) durchführt. Bei Schwellenbändern mit Zwischenstegen macht diese Methode sehr viel Arbeit.

Wer diese Art der Beschotterung selbst ausprobiert hat – das sollte man auf kurzen Probegleisen ruhig einmal versuchen – der stellt schnell fest, daß sie wohl kaum „das Gelbe vom Ei" ist.

Wesentlich souveräner, sauberer und ohne jeden Zeitdruck arbeitet man nach folgender (auch in der Farbbildfolge gezeigten) Methode: Zunächst wird das Gleis auf dem Bettungskörper nach der eingangs beschriebenen Methode festgeklebt. Wenn das Gleis nach Abbinden des Klebers sicher sitzt, werden eventuelle Fixierungshilfen entfernt. Dann werden die seitlichen Böschungsschrägen dünn mit Weißleim eingestrichen und, z.B. mit Hilfe eines Teelöffels oder auch mittels der Fingerspitzen, dann wird der Schotter dünn auf das gesamte Gleisbett gestreut; an den eingeleimten Böschungsschrägen wird er sofort angedrückt.

Die Schwellen und Schienenfüße werden nun mit einem nicht zu harten Flachpinsel von unerwünschtem Schotter befreit. Dabei ist besonders darauf zu achten, daß sich an Schienenfüßen und Schienenklammern keine Schotterkörner „einnisten". Ist man mit dem Gesamtbild der Schotterlage zufrieden, wird das Gleisbett mittels einer Plastik-Blumensprühflasche aus ca. 50 cm Entfernung mit Wasser „eingenebelt". Dann kann das Festkleben des Schotters erfolgen. Dazu nimmt man etwa 30% Weißleim, 70% Wasser und ein winziges Tröpfchen Spülmittel (als Netzmittel zur Entspannung des Wassers), mischt diesen Ansatz gut und zieht ihn in eine Pipette (z.B. von einem Nasentropfen-Fläschchen oder einem ähnlich abgepackten flüssigen Arzneimittel). Auch eine Einweg-Plastikspritze (5 cm^3), die man für ein paar Groschen in der Apotheke erhält, eignet sich für das

nun folgende Aufbringen des verdünnten Klebergemisches auf den „zurechtgelegten" Schotter. Der entspannte, verdünnte Kleber verbindet sich sofort mit Schotter und Gleisbett und sorgt für einen sicheren und formbeständigen Halt des Schotters nach dem – diesmal etwas länger dauernden – Abbinden des Klebers.

Hat man vor dem Aufbringen des verdünnten Leims den Schotter sehr sorgfältig an allen Stellen in die gewünschte Lage gebracht, bedarf es nach dem Aushärten kaum noch der Korrektur. Unerwünschte Schotterkörnchen lassen sich mit einem kleinen Schraubendreher notfalls leicht entfernen.

Diese Methode ist sicherlich auch zeitaufwendig (gute Ergebnisse im Modellbau erfordern eben Zeit), aber sie bietet optisch ein ausgezeichnetes Ergebnis und – was mir sehr wichtig er-

Nach der Vorbereitung des Gleisbettes kann der Weichenbausatz montiert und anschließend die fertige Weiche eingeschottert werden. Diese Arbeitsgänge mit ihren verschiedenen möglichen Ausführungen sind im Haupttext beschrieben und zum besseren Verständnis zusätzlich im Farbbildteil gezeigt

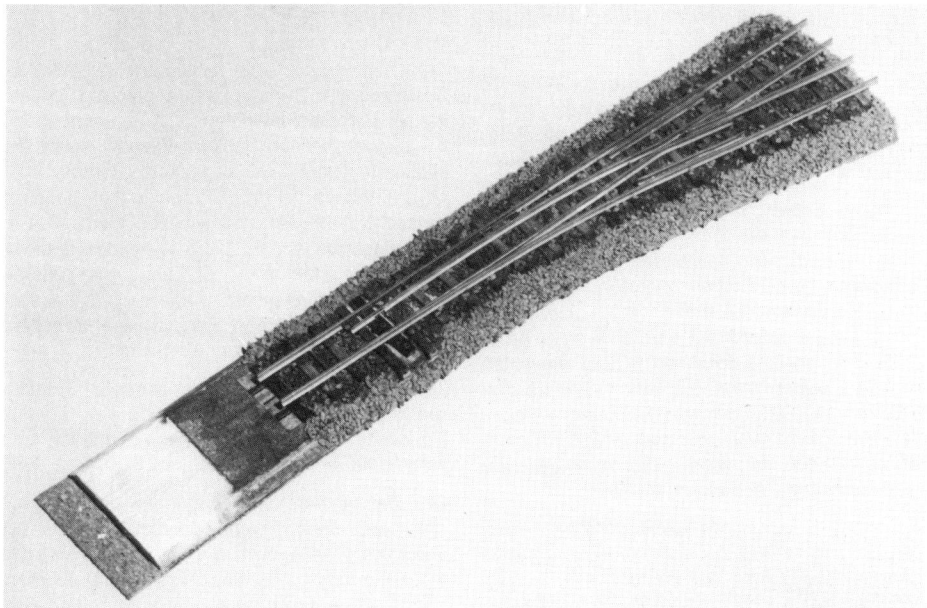

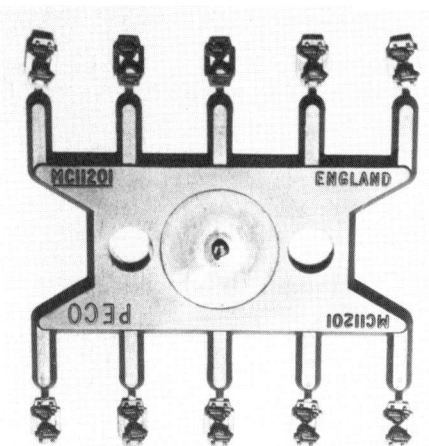

Aufwendig, aber vorbildgerecht: Peco bietet als Kunststoffspritzling exakt nachgebildte Schienenbefestigungsplatten zur Einzelmontage an

scheint – man kann dabei völlig ohne Zeitdruck arbeiten; das Einschottern bleibt ein entspanntes Vergnügen.

Zum Schluß noch ein paar Worte zur Auswahl des geeigneten Schotters. Grundsätzlich unterscheidet man zwischen Korkschotter und Steinschotter. Zu empfehlen ist feinkörniger Steinschotter, ein fein gemahlenes Granulat, das die „eckigen" Schotterkörnchen besser und echter wirken läßt als die gemahlenen Korkkrümel. Auch die Korngröße spielt eine nicht zu unterschätzende Rolle für den späteren Gesamteindruck des Gleises. So manches als „H0-Schotter" angebotene Granulat wirkt einfach zu grob. Größer als etwa 1 mm sollte kein einzelnes Schotterkörnchen sein. Notfalls muß man den Schotter durch ein entsprechend feinmaschiges Sieb filtern; man kann aber auch etwas N-Schotter beimischen, um eine nicht zu locker wirkende Schottermischung zu erhalten.

Als drittes Kriterium für vorbildgerecht wirkenden Schotter kommt noch dessen Farbe in das „Auswahlverfahren". Wie immer bei Farben, so scheiden sich auch in diesem Punkt die Geister.

Die einen wollen den hellen Farbton von Neubaustrecken (hellbeige bis hellgrau), die anderen bevorzugen die dunklere, schmutzig-braunrot/dunkelgraue Farbe stark befahrener Strecken. Hier müssen Sie selbst den richtigen Farbton für Ihre Gleise bestimmen. Gegebenenfalls kann ein Beimischen von ganz wenig Trockenfarbpulver (und anschließendes gutes Durchmischen in einem geschlossenen Glas) zum individuell gewünschten Farbton des Schotters führen. Auch das Mischen zweier unterschiedlich eingefärbter Schotterangebote kann ein brauchbares Ergebnis bringen. Zu beachten ist, daß der mit Leim-/Wassergemisch getränkte Schotter nach dem Trocknen deutlich dunkler wirkt als „aufgeklebter" Schotter.

Nun zum praktischen Weichenbau mit vorgefertigten Bausätzen (s. a. Angebotstabelle auf S. 63). Als erstes Musterbeispiel dient der Bausatz (Fa. Schuhmacher) einer H0-Weiche mit 9,5°-Herzstückwinkel, 2,1 mm Profilhöhe (Code 83) und einem Abzweiggleisradius von 900 mm. Es handelt sich hierbei gewissermaßen um eine Standardweiche, wie sie auf jeder Modellbahn-Anlage mehrfach benötigt wird.

Im Bausatz enthalten sind: die vorgefertigten Schienenteile mit fertig verlötetem Herzstück (in ausreichender Genauigkeit), angelötete Radlenker an den Backenschienen, Ausfräsungen für die Zungen an den Backenschienen, sowie geschliffene Zungen mit angelöteter Pertinax-Zungenstellbrücke. Fertig abgelängte gebeizte Holzschwellen und abgewinkelte kleine Schienenbefestigungsnägel, eine Weichenschablone und eine 1 mm dünne Korkunterlage gehören ebenfalls zum Bausatz. Andere Bausatzangebote (z. B. Old Pullman, Ferro Suisse, Schullern u. a.) sind ähnlich zusammengestellt.

Zusätzlich benötigt man drei oder vier Spurlehren für Code-83-Schienenprofile, um die genaue Spurweite beim Zusammenbau einhalten und ständig kontrollieren zu können.

Der Bausatzhersteller empfiehlt, als Weichenunterlage 5-mm-Pappelsperrholz (besonders weich) zu verwenden und darunter die 1-mm-Korkunterlage zu kleben, zwecks Geräuschdämmung und Anpassung an die vom selben Her-

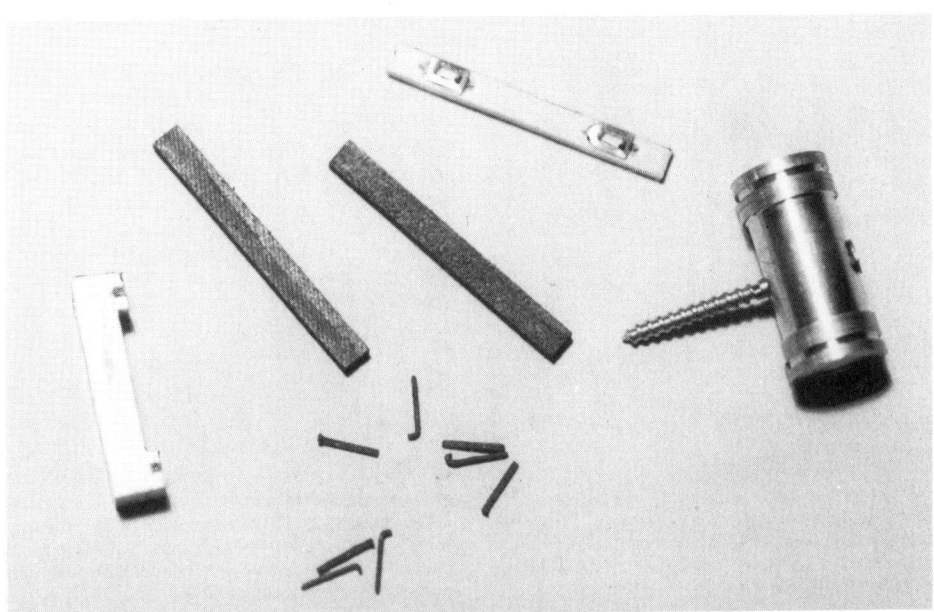

Einzelteile verschiedener Fabrikate, die zum Gleis- und Weichenbau unerläßlich bzw. arbeitserleichternd und damit praktisch sind: links außen eine Spurlehre für 2,5-mm-Profile von Schullern, rechts außen eine Spurlehre für 2,1-mm-Schienenprofile von Schuhmacher, dazwischen gebeizte Holzschwellen (Schuhmacher) und mit Durchsteckklammern bestückte Holzschwelle von Schullern sowie abgewinkelte brünierte Schienenbefestigungsnägel für den Weichenbau mit Schuhmacher-Bausätzen

Praktisch für das exakte Verlegen von Flexgleisen in jeweils gewünschten Radien sind diese aus Messing gefrästen Lehren von Krause

Der kritische Herzstückbereich von H0-Industrie- und Selbstbauweichen wird in dieser Bildserie vergleichend gezeigt. Im Bild das Herzstück der neuen Roco-Code 83-Weiche (hier die 15°-Ausführung; auch in 10° lieferbar)

Schwellenabstände und Schwellenlage der japanischen Shinohara-H0-Weichen (hier in der Ausführung mit 2,5-mm-Profilen) entsprechen nicht exakt deutschen Vorbildern. Die Herzstücklücke der Shinohara-Weichen ist relativ groß

In gleicher Profilhöhe wie Roco (Code 83) bietet Schuhmacher seine (auch für Code 70) lieferbaren Weichenbausätze an. Positiv: die sehr kleine Herzstücklücke. Die Befestigung der Schienenprofile erfolgt durch abgwinkelte Nägelchen

steller angebotenen 6 mm dicken Korkgleisbettungen. Das ist eine Empfehlung, die man nicht einhalten muß; ich verwendete statt dessen die von Herkat angebotenen 5 mm dicken Weichenbettungen aus gummidurchsetztem Kork. Diese nach Schablone zugeschnittene Bettung bietet eine ausgezeichnete Geräuschdämmung, krümelt nicht und bietet den Nägelchen in Verbindung mit den Holzschwellen einen guten Halt, ohne ihnen andererseits beim Eindrücken zu großen Widerstand entgegenzusetzen.

Nachdem die Weichenbettung anhand der Papierschablone zurechtgeschnitten und zusammengeklebt ist, kann die Weichenschablone mit Papierkleber auf die Bettung aufgeklebt werden. Nach Antrocknen des Klebers wird die Papieroberfläche mit verdünnter brauner Farbe leicht überstrichen, damit später auf keinen Fall das weiße Papier durchscheint (falls sich im Lauf der Zeit mal ein paar Schotterkörnchen lösen sollten). Auf der Musterweiche (s. Abb. S. 84) erfolgte dieses Einfärben mit Absicht nicht, damit die einzelnen Arbeitsgänge kontrastreicher im Bild festgehalten werden konnten. Dann legt man den Weichenbausatz auf und kennzeichnet auf der Schablone die Lage der Zungenstellbrücke; an dieser Stelle muß in den Bettungskörper ein Langloch von etwa 10 mm Länge und 3 mm Breite eingebracht werden, durch das später der Stelldraht von unten in die Zungenstellbrücke eingreifen kann. Nun kann man auch die auf der Schienenunterseite angelöteten Montagedrähte ablöten, da sie beim Zusammenbau der Weiche nur hinderlich sind.

Jetzt wird die äußere gerade Backenschiene als erste auf den Schwellen anhand der Schablonenlage fixiert und an ihren Enden sowie im Abstand von jeweils 5 cm durch die Schienennägel befestigt. Zum ,,Nageln'' benötigt man allerdings kein Hämmerchen, sondern vielmehr eine kleine Spitz- oder Rundzange. Mit ihrer Hilfe faßt man das Nägelchen dicht unter seinem abgewinkelten Kopf und drückt es vorsichtig (in nur knappem Abstand vom Schienenfuß) in die Schwelle, und zwar so, daß der abgewinkelte Nagelkopf gerade noch ohne Berührung am Schienenkopf vorbeigleiten kann. Zum Schluß drückt man den Nagel mit der Zange von oben ganz in die Gleisbettung ein, so daß der Nagelkopf fest und dicht am Schienenfuß aufliegt. Den ,,Schlußdruck'' sollte man nicht mit zuviel Kraft ausführen, damit der Schienenfuß nicht verformt oder gar zur Seite gedrückt wird. Also – mit Gefühl arbeiten.

Die Nägelchen werden jeweils im Wechsel beidseitig am Schienenfuß eingedrückt, so daß sich nach vier bis fünf Befestigungspunkten bereits ein sicherer Sitz der Schiene ergibt. Besonders wichtig ist das genaue Ausrichten der Schiene, damit sie völlig gerade verläuft. Ein kontrollierender Blick (dicht in Augenhöhe in Längsrichtung der Schiene) zeigt zwischendurch, ob die Schiene auch wirklich exakt gerade und nicht in ,,Schlangenlinien'' verläuft. Erst wenn die exakt gerade Lage der ersten Backenschiene festgelegt ist, können die restlichen Nägelchen beidseitig des Schienenfußes eingedrückt werden.

Die letzten drei Schwellen vor dem Bereich der Zungenstellbrücke werden nicht genagelt, damit

Beste Herzstück-Qualität (punktverschweißte, gefräste Profile mit kleiner Lücke) bieten die Weichenbausätze von Schullern (früher Nemec), die ausschließlich mit 2,5-mm-Profilen nach Code 100 geliefert werden

Der Herzstückbereich der englischen Peco-Fertigweichen weist eine relativ große Lücke und großen Abstand zwischen Herzstück und Flügelschienen auf; Schienenhöhe 2,5 mm (Code 100). In Kürze neu bei Peco: Weichen nach Code 75 (1,9 mm Profil) für alle H0-Fabrikate

Nach dem Einschottern der Weichen und der farblichen Nachbehandlung der Profile fallen viele der Unterschiede nicht mehr auf den ersten Blick auf. Im Bild drei Weichen, die den H0-Anlagenbauer in besonderem Maß ansprechen können; oben eine Schuhmacher-Weiche (Code 83, mit Holzschwellen und Nagelbefestigung der Profile), unten links die neue Roco-Weiche (Code 83, ein fortschrittliches Großserienprodukt mit richtungsweisender Schienenprofilhöhe) und daneben die aus einem Schullern-Bausatz montierte Weiche (Code 100, mit Holzschwellen und Schienenbefestigung mittels Durchsteckklammern bzw. Schienennagelplättchen)

sich die Weichenzunge später frei bewegen kann; auch die jeweils letzten Schwellen der Weiche erhalten keine Nagelung, damit an den Schienenenden ggf. noch Schienenverbinder aufgesteckt werden können.

Sitzt die gerade Backenschiene fest und exakt auf dem Gleisbett, so kann weitergearbeitet werden. Als nächstes kommt das komplette Herzstückteil mit Zwischenschienen und Weichenzungen an die Reihe. Im Bereich der Doppelschwellen wird es jeweils zweimal durchgetrennt (mit einer feinen Laubsäge oder einem Mini-Trennschleifer), so daß Zungen, Zwischenschienen und Herzstück voneinander getrennt sind. Dies empfiehlt sich aus Sicherheitsgründen – einmal wegen der betriebssicheren Stromversorgung, und auch wegen der leichteren Stellmöglichkeit der Zungen, die mittels Bemo-Schienenverbindern mit den Zwischenschienen beweglich verbunden werden. Würde man die Trennung der Zungen von den Zwischenschienen nicht vornehmen, reichte die Stellkraft eines normalen elektromagnetischen Weichenantriebs nicht aus, man müßte zum Stellen einen kräftigen Motorantrieb verwenden.

Die zweite Trennung auf der Doppelschwelle dicht vor dem Herzstück empfiehlt sich deshalb, weil andernfalls im Zungenbereich ein Kurzschluß auftreten könnte, denn die jeweilige Herzstückpolung und die Polarität der äußeren Schienen sind entgegengesetzt. Diese Hinweise vermißt man übrigens in der recht spärlichen Bauanleitung zu den Schuhmacher-Weichenbausätzen.

Nunmehr wird das Herzstück montiert. Der genaue Spurabstand zur Backenschiene wird mit Hilfe von zwei Spurlehren festgelegt; mit beidseitig eingedrückten Nägelchen wird das Herzstück in seiner endgültigen Lage fixiert. Dann werden die Zwischenschienen mit den daran (mittels Schienenverbindern) beweglich befestigten Zungen auf die Schwellen gelegt. Die Schienenverbinder, die als Zungengelenk fungieren, müssen auf den Doppelschwellen auf ihre Materialstärke tiefer gesetzt werden; mit einem scharfen Bastelmesser schneidet man vorsichtig ein wenig von der Schwellenoberfläche herunter.

Zuerst wird jetzt die gerade Zwischenschiene auf die vorbeschriebene Weise mit Nägelchen befestigt; zwei Spurlehren halten den genauen Abstand zur Backenschiene ein. Die kleine Lücke zwischen Herzstück und Zwischenschiene wird später mit etwas Sekundenkleber oder Uhu-plus ausgefüllt, damit die elektrische Trennung nicht durch ein eventuelles Verschieben der Profile in Frage gestellt werden kann. Mit der gebogenen Zwischenschiene verfährt man ebenso. Nur gibt es hier noch keinen Orientierungspunkt für die Spurlehren, weil die gebogene Backenschiene erst zum Schluß montiert wird. Da die Zwischenschiene und die zugehörige Zunge jedoch bereits vorgebogen sind, haben Sie in Verbindung mit der Weichenschablone einen guten Anhaltspunkt für die richtige Lage dieser Schienenteile. Wichtig ist auch hier der Spalt zum Herzstück hin und – natürlich – die absolut freigängige Lage der Zungenstellbrücke.

Nun bleibt noch die Montage der äußeren gebogenen Backenschiene, die als letztes Schienenstück montiert wird. Der Einsatz der Spurlehren und die bereits montierte gebogene Zwischenschiene lassen keine Probleme aufkommen – sorgfältiges Arbeiten wird vorausgesetzt.

Diese Abbildung (Bauphase einer Schullern-H0-Weiche) weist auf zwei Besonderheiten hin: das verwendete Gummikorkbett von Herkat ermöglicht eine sichere Befestigung der Schienennagelplättchen im zäh-elastischen Gleisbett; des weiteren unterstreichen die Spurlehren (mindestens vier benötigt man zum Weichenbau) die Bedeutung des absolut exakten Einhaltens der Spurweite beim Weichenbau – ständiges Kontrollieren ist unerläßlich. Weitere instruktive Tips für den Gleis- und Weichenbau finden Sie mit ausführlicher Beschreibung auf den Farbbildseiten

Damit ist die Weiche in ihren mechanischen Teilen komplett montiert. Diese Anleitung gilt im übrigen für alle vorgefertigten Weichenbausätze. Wichtig ist genaues Arbeiten und ein ständiges Überprüfen der Spurweite bei der Montage der einzelnen Schienen. Auch bei der Verwendung anderer Schienenbefestigungsmittel (Schienenplättchen oder -klammern) ändert sich im Grundsatz nichts am Ablauf des Weichenbaus.

Vor dem Einschottern werden am Weichenherzstück und an den Zwischenschienen Litzen für die Stromversorgung der Weiche angelötet. Die elektrische Verbindung der Zwischenschienen wird zur jeweils zugehörigen äußeren Backenschiene hergestellt. Der Anschluß des Herzstücks erfolgt später nach Einbau der Weiche über ein Kontaktpaar am Weichenantrieb, der das Herzstück – je nach Weichenstellung – mit „Plus"- oder „Minus"-Fahrspannung versorgt, so daß beim Befahren der Weiche keine stromlose Lücke vorhanden ist.

Das Einschottern der Weiche erfolgt auf die eingangs beschriebene Art, jedoch gilt im Bereich der Zungenstellbrücke ganz besondere Vorsicht: Hier darf weder Kleber noch Schotter zwischen oder gar unter die Stellbrücke geraten, sonst wird die Weiche später mit Sicherheit klemmen oder sich überhaupt nicht bewegen lassen. Am besten deckt man diesen Bereich mit einem kleinen Stückchen Tesafilm während des Einschotterns ab.

Die Bauzeit für eine Weiche beträgt – je nach Übung – etwa zwischen zwei und vier Stunden, liegt also in einem vertretbaren Rahmen. Nach den ersten zwei, drei Weichen geht die Arbeit meistens noch schneller von der Hand, denn Übung macht bekanntlich den Meister. Doch sollte man sich vor zu schnellem Arbeiten hüten, denn jeder Arbeitsgang muß sorgfältig und exakt ausgeführt werden, wenn das Ergebnis gut sein soll. Wenn Sie Ihr erstes Weichenbau-Ergebnis betrachten, werden Sie sicherlich sagen: Der Selbstbau hat sich gelohnt! Dies gilt vor allem für Weichenbauformen, die im Industrieangebot nicht zu finden sind.

Das Schullern-Weichenbausatzprogramm (auch für 0 und I im Angebot) bietet den Bausatzspaß

nach „Altväter-Sitte" mit 2,5-mm-Profilen, gelochten Schwellen mit Durchsteckklammern bzw. Schwellen mit Schienenplatten zum Nageln. Die Arbeitsweise ist, wie schon angedeutet, im Prinzip ähnlich wie bei den Schuhmacher-Bausätzen und anderen, die Einzelteile der Bausätze von Schullern sind aber präziser gefertigt. Herzstück und Radlenker sind punktgeschweißt, die Weichenzungen bereits abgelängt und – neben der montierten Stellschwelle – auch mit Schienenlaschen für die Lagerung versehen.

Es empfiehlt sich, die Schienenplatten, nachdem ihre Lage in bezug auf Schienenfuß und Schwellen fixiert ist, durch etwas Uhu-plus oder stabilit-express festzukleben, falls man etwas gegen das „Nageln" der einzelnen Schienenplatten hat. Gebogene Schienenteile müssen aber vorher genau „in Form" gebracht werden, damit der Kleber nicht beim Justieren der Schiene auf den Schwellen seitlich hervortreten kann. Ohne Spurlehren, Schullern liefert sie speziell für die im Kopf etwas breiteren 2,5-mm-Profile, geht es in diesem Fall natürlich auch nicht. Der Abstand zwischen Radlenkern und Flügelschienen der Herzstücke ist bei den Schullern-Bausätzen so bemessen, daß praktisch jeder NEM-Radsatz „gut durchkommt", ohne in ein spürbares Loch innerhalb der Herzstücklücke zu fallen. Dieses „Loch" stellt bei allen Weichen, vor allen Dingen bei industriell gefertigten Weichen, immer ein Problem dar. Die Lücke im Herzstück muß so klein wie möglich sein (d. h. die Herzstückspitze muß so lang wie möglich spitz auslaufen) oder aber im Herzstückbereich muß eine Auflauffläche vorhanden sein, die dem Spurkranz im Bereich der Lücke als Auflauffläche dient. Das bedingt aber für alle Fahrzeuge eine exakt gleiche Spurkranzhöhe und stellt eigentlich immer nur einen Kompromiß dar. Shinohara-Weichen sind hier übrigens ein Negativbeispiel für zu große Herzstücklücken (s. Abb. S. 88); aber auch einige andere Fabrikate helfen sich hier nur holpernd über die Probleme hinweg.

Nun wissen Sie, wie's geht, und ich könnte Sie mit Ihren Problemen um die Qual der Wahl allein

lassen, denn vieles ist nun mal nicht nur An-
sichtssache, sondern hängt auch von den persönlichen Ansprüchen und der für den Gleis-
und Weichenbau zur Verfügung stehenden Zeit
ab. Eins sollten Sie bei Ihrer Entscheidung bedenken: Ein Fahrzeug, das technisch von der
Entwicklung überholt ist, kann man relativ mü-
helos durch ein neues, besseres ersetzen. Eine
komplette Gleisanlage muß normalerweise aber
viele Jahre ,,zeigen, was sie kann und wie sie
aussieht''. Hier soll man das fortschrittlichste
kaufen oder bauen, was zur Zeit erhältlich ist,
wenn man dem Vorbild so nahe wie möglich
kommen will.

Aus meiner persönlichen Erfahrung, deren Ergebnis ich hier keinesfalls als Doktrin verstan-
den wissen möchte, empfehle ich für den Gleis-
und Weichenbau in Baugröße H0 1,9- bzw.
2,1-mm-Profile. Entweder nimmt man dazu Teile
des Peco- oder Roco-Gleissystems, kombiniert
mit den von Roco, Peco oder Schuhmacher angebotenen Flexgleisen, Weichen von Roco oder
Peco (Code 83 bzw. Code 75) bzw. Bausätze mit
2,1-mm-Profilen von Schuhmacher. Das soll Sie
jedoch nicht daran hindern, beispielsweise mit
1,8-mm-Profilen zu bauen oder auch mit
2,5-mm-Profilen. Die Abbildungen und Beschrei-
bungen finden Sie in diesem Kapitel, so daß Sie
sich selbst ein Bild machen können. Sinnvoller
ist es jedoch, wenn Sie vor der ,,Grundsteinle-

gung'' Ihrer Anlage jeweils Probegleise und eine
Weiche einbauen, bevor Sie sich für eine der
drei Ausführungen endgültig entscheiden. Das
kostet Sie keine 100,- DM – relativ wenig im Vergleich zu den Kosten, die eine komplette Gleisanlage mittlerer Größe im Endeffekt kostet. Pro-
bieren geht in diesem Fall wirklich über Studie-
ren! Nutzen Sie diese Möglichkeit zur eigenen
und unbeeinflußten Entscheidungshilfe, bevor
Sie sich zu einem Gleissystem entschließen
oder ,,entschließen lassen'', mit dem Sie auf
Dauer dann doch nicht glücklich werden. Das
Fundament Ihrer Bahn muß stimmen – Sie und
Ihre Fahrzeuge müssen damit viele Jahre zurechtkommen.

**Der Gleis- und Weichenbau bietet praktisch
alle Möglichkeiten zum Bau einer Gleisanlage
nach individuellen Vorstellungen. Bei geplanten größeren Anlagen ist zu prüfen, ob nicht –
aus Zeitgründen – nur ein Teil des Gleisfeldes
im Selbstbau erstellt und der übrige, nicht im
vorderen Blickfeld liegende Teil mit Industrie-
material aufgebaut wird. Die wichtigste lang-
fristige Entscheidung treffen Sie nicht zuletzt
mit der Wahl der Ihnen ,,richtig'' erscheinenden Profilhöhe. Entscheidungshilfen bieten
Ihnen hierzu auch der Farbbildteil in dieser
Broschüre sowie die Abbildungen der Vorbildgleise in Kapitel 2.**

7

Weichenantriebe und Zubehör

Weichenantriebe sind das „kompetente Innenleben" jeder Weiche, denn sie entscheiden, was eine Weiche letztendlich „kann" oder nicht. Weichenlaternen, Seilzugspanner, Kanal- und Motorattrappen dienen dagegen nur der vorbildlichen Optik im Gleisumfeld, sind aber dennoch kein unwichtiges Zubehör. Und ohne Entkuppler kommt keine Betriebsanlage aus. Was soll man wo einbauen? Welcher Aufwand ist gerechtfertigt, und worauf muß man achten? Auf diese und andere Fragen finden Sie hier eine Antwort – und dazu noch eine Anzahl weiterer praktischer Tips für den Gleisbau.

Beginnen wir mit den Weichenantrieben. Gleich steht schon die erste „Glaubensfrage" im Raum: elektromagnetischer oder motorischer Antrieb? Man könnte diese Frage ganz einfach mit dem Hinweis abtun: Das ist Geschmackssache. Aber so einfach ist das auch wieder nicht. Denn es kommt auf die Konstruktion des Weichenantriebs an, und hier in erster Linie auf die Ausführung der Stellkraft-Übertragungsteile, auf die Hebelwirkung und die Stärke des Federstelldrahts. Alles spielt eine Rolle, denn bekanntlich ist eine Kette nur so stark wie ihr schwächstes Glied. Wenn eine Selbstbauweiche ein wenig klemmt, braucht man nun mal einen „Hammer", um sie in die andere Zungenlage zu bewegen und keinen 0,3-mm-Federdraht von 40 mm Länge, der sich nur müde gegen die mechanischen „Antikräfte" aufbäumt und kurz vor dem Ziel aufgibt.

Das zweite Auswahlkriterium ergibt sich aus der keineswegs unwichtigen Frage: Was soll meine Weiche „können"? Natürlich soll sie zunächst einmal die Zungen von der einen Lage in die andere bringen – und zwar sicher ohne Wenn und Aber. Das Stellgeräusch muß schon „satt" klingen, ohne die bange Frage aufkommen zu lassen: Hat sie nun oder hat sie nicht? Da nützt auch die komfortabelste Rückmeldung nichts, denn wenn der Antrieb seine Aufgabe nicht hundertprozentig und immer (!) erfüllt, unterstreicht die optische Rückmeldung nur den schwachen

Punkt in dieser Kette. Und schon ist der berüchtigte Frust zur Stelle, dessen Beseitigung bei der Modellbahn meist einträchtig einhergeht mit viel Zeitaufwand, Nachdenken und unnötigen Zusatzkosten. Das muß nicht sein, wenn man sich vorher überlegt, wie und womit „man's macht". Das gilt auch für Weichen und ihre Antriebe.

Bei größeren Anlagen, die durch ein Gleisbildstellpult bedient werden, wird man in der Regel elektromagnetische Antriebe (mit Endabschaltung, natürlich) einsetzen wollen, um sich zusätzliche Schaltungen und längeres „Knopfdrücken" zu ersparen. Bei kleinen Anlagen oder Dioramen kann der Einbau von motorischen Antrieben (mit einer Stelldauer von 1–2 sec) optisch unter Umständen reizvoller sein, vor allem im vorderen, deutlich sichtbaren Anlagenbereich. Aufdringliche Geräusche erzeugen im übrigen beide Bauarten, wenn die Antriebe nicht geräuschisoliert unter der Grundplatte befestigt sind; doch darüber mehr an anderer Stelle.

Bei den elektromagnetischen Antrieben (im Modellbahner-Sprachgebrauch auch als Doppelspulen-Antriebe bezeichnet) greift man heutzutage zweckmäßigerweise auf Industrieprodukte zurück, die sich vielfach mehr oder weniger in Aufbau, Konstruktion und Äußerem gleichen und auf dem vor Jahrzehnten von Arnold entwickelten „abknöpfbaren" Weichenantrieb basieren. Diese meist sehr flach aufgebauten An-

triebe lassen sich auf der Anlagenplatte in Gleis-
höhe neben den Weichen anklipsen oder sepa-
rat anschrauben (keine akzeptable Lösung für
eine wirkliche Modellbahn) oder aber in oder unter der Anlagenplatte montieren. Speziell Roco
und Bemo bieten hier (letzterer für seinen Motorantrieb) durch ihre Unterflur-Umrüstsätze ver-
einfachte Montagemöglichkeiten. Voraussetzung für eine sichere Weichenstellung mit den
relativ ,,leichten" elektromagnetischen Antrieben sind aber absolut leichtgängige Weichenzungen.

Bei Selbstbauweichen bedarf es vorheriger
sorgfältiger Prüfung, ob sich die Zungen durch
den meist sehr dünnen (im Vergleich zur Länge)
Federstelldraht auch wirklich leicht und sicher
stellen lassen. Ein sicheres Kriterium für die
Leichtgängigkeit: Die Weichenzungen müssen
sich von der einen in die andere Lage ,,per Lun-
genkraft pusten lassen"; ansonsten ist die Stell-
sicherheit – vor allem bei relativ dicken Anlagen-
grundplatten und damit vergrößerter Stelldraht-
länge – leicht in Frage gestellt.

Motorisch angetriebene Weichensteller verkraften dagegen mechanische Widerstände deutlich
besser; ihr Einbau ist wegen der durch den Motor bedingten größeren Abmessungen im übrigen nur ,,unterflur" vorgesehen. Sie sind meist
auch teurer als die elektromagnetischen Weichenantriebe.

Abbildungen von oben nach unten:

**Ein typischer Vertreter elektromotorisch betätigter
Weichenantriebe (natürlich auch für Signale geeignet) ist der Bemo-Antrieb. Mehr über Ausstattung
und Einbaumöglichkeiten s. Übersichtstabelle**

**Altbewährt, robust und einfach im Aufbau ist der
seit Jahren bekannte Repa-Doppelspulen-Magnet-
antrieb für H0- und N-Weichen; auch dieser Antrieb
ist, wie alle hier gezeigten, nur für den Unterflureinbau gedacht**

**Ein robuster und beim Einbau sehr variabler elektro-
motorisch betätigter Weichenantrieb wird vom
Schweizer Modellbahn-Versandhaus Old Pullman
angeboten**

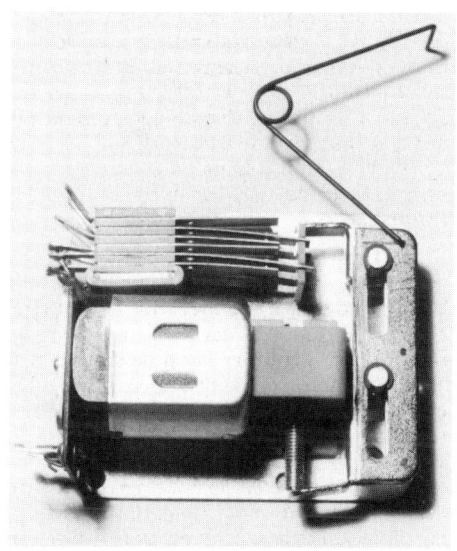

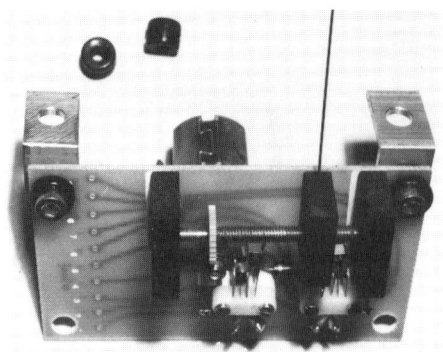

In Kleinserie hergestellt wird der senkrecht unter der Anlagenplatte zu montierende elektromotorische Weichenantrieb von Schuhmacher; er besitzt die größten Abmessungen

Auch Fulgurex bietet einen mit Zusatzkontakten bestückten elektromotorisch betriebenen Weichenantrieb an, der direkt unterhalb der Weiche an der Anlagenplatte montiert wird

Praktisch für das Verlegen von Parallel-Gleisen, bei denen es auf exakte Einhaltung des Gleisabstandes ankommt, ist die aus Messing gefertigte Gleisabstandslehre von NMW-Modellbau

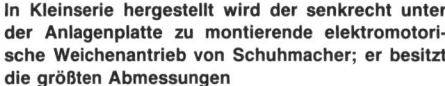

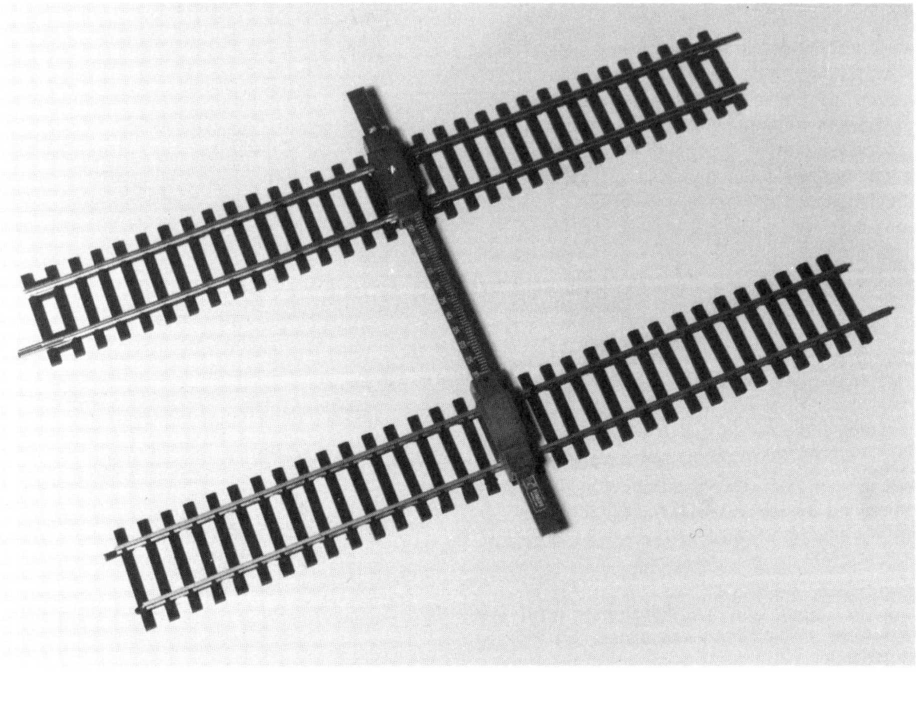

Ein weiteres Kriterium für einen guten Weichenantrieb ist die Kontaktbestückung. Soll nur das Herzstück wechselseitig mit Fahrstrom versorgt werden (ein „Muß" im Zeitalter langsamer Rangierfahrten mit ihren Stromabnahmeproblemen), so reichen die vorhandenen Kontakte in der Regel aus. Soll die Weiche beim Stellen gleichzeitig noch andere Schaltfunktionen übernehmen (z. B. Stromversorgung eines Gleisabschnitts, Signalschaltung, Auslösen anderer Kontakte usw.), so muß der Antrieb mit zusätzlichen Kontakten bestückt sein oder nachträglich bestückt werden können. Diese Kriterien muß man bei der Auswahl des Antriebs ebenfalls mit ins Kalkül ziehen. Fehlen diese Zusatzkontakte, und sind sie auf Grund der Weichenantriebs-Konstruktion auch nicht ohne weiteres nachrüstbar, so muß zusätzlich ein Relais montiert werden, das diese Funktionen übernimmt; das kostet natürlich zusätzliches Geld.

Für einen guten, auf Dauer befriedigenden und auch relativ leicht zu montierenden Weichenantrieb gilt folgender Anforderungskatalog:

- sicherer und kräftiger Stellmechanismus in Verbindung mit einem durchzugstarken Doppelspulen-Elektromagnet bzw. Motor. Die Stromaufnahme ist nicht unbedingt von vorrangiger Bedeutung, da beim Stellen von Fahrstraßen die Weichenbetätigung grundsätzlich zeitversetzt erfolgen soll

- Endabschaltung des Antriebs; damit wird ein Durchbrennen der Spulen bzw. des Motors bei Dauerkontakt verhindert (z. B. bei Stehenbleiben einer Lok auf entsprechendem Gleiskontakt oder bei Gleisbildstellpulten mit Dauerkontaktschaltern)

- vorhandene oder leicht nachrüstbare Zusatzkontakte für die Beschaltung von Herzstücken, gleichzeitige Signalbetätigung, Rückmeldung, Stromversorgung eines Gleisabschnitts u. a.

- variabler Federstelldraht, der in unterschiedlichsten Einbaulagen ein sicheres Betätigen der Weichenstellschwelle garantiert

- praxisfreundliche Einbaumöglichkeit, die auch eine geräuschdämmende Montage nicht erschwert

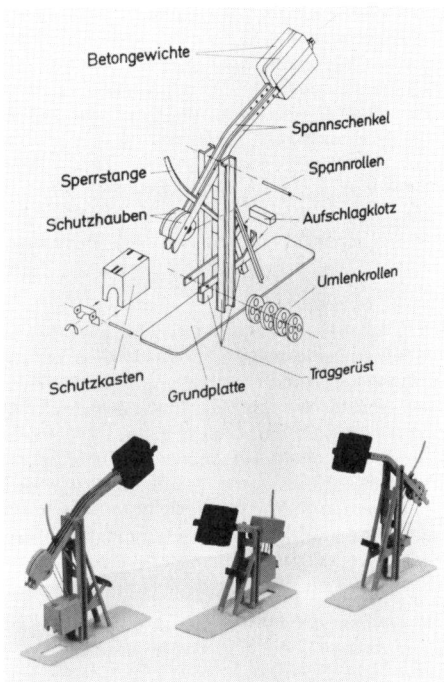

In perfektionierter Modellbautechnik realisierte H0-Beispiele für die klassischen Signal- und Weichenspannwerke bietet NMW für den anspruchsvollen Modellbahner   **Foto und Skizze: NMW**

- variable Einbaumöglichkeit, die einen gegenüber der Weichenlage aus Platzgründen versetzten Einbau des Antriebs gestattet

- vorgesehene Möglichkeit zur Montage einer drehbaren (und ggf. beleuchteten) Weichenlaterne, durch die notfalls die Weiche auch von Hand gestellt werden kann (nur bei elektromagnetisch betätigten Antrieben).

Keiner der derzeit bekannten Antriebe erfüllt alle Forderungen in letzter Konsequenz, aber diese Forderungen sind auch nicht gleichrangig und richten sich nach den jeweiligen Bedürfnissen (zum Beispiel gibt es auch beim Vorbild Weichen ohne Laternen).

In der Übersicht sind z. Z. gängige und bewährte Weichenantriebe mit ihren wichtigsten Merkmalen zusammengestellt, so daß eine Vorauswahl nach bestimmten, der eigenen Anlage zugeordneten, Bedürfnissen erleichtert wird. Diese Entscheidung sollte man sorgfältig abwägen, da der Kauf von Weichenantrieben ein nicht unbeträchtliches Loch in das Modellbahn-Budget reißt. Neben diesen ,,Standard''-Antrieben finden Sie in der Fachpresse aktuelle Hinweise auf neue Antriebe, z. B. aus geeigneten Industrieangeboten.

Das Thema Geräuschdämpfung bei Weichenantrieben ist keineswegs ,,an den Haaren herbeigezogen'', wie man vielleicht zunächst annehmen möchte. Werden die Antriebe mit Schrauben direkt unter die Anlagenplatte montiert, so kann das durch die Resonanz der Platte besonders laute ,,Klack'' oder gar das bis zu etwa 2 sec dauernde Surren eines Motorantriebs schon recht störend wirken, vor allem dann, wenn eine Fahrstraße mit dem Ablauf von vielleicht sechs, acht oder zehn Weichen dahintersteht.

Also gilt es, auch die Antriebe geräuschisoliert zu montieren (bei einigen Fabrikaten ist dies schon werkseitig vorgesehen, s. a. Tabelle). Entscheidend dafür ist die Größe der Befestigungsbohrungen und die Art der Befestigung. Der springende Punkt ist eine kleine Gummitülle (in der Art von Leitungsdurchführungen; in Elektronik-Fachgeschäften zum Pfennigpreis erhältlich). Der Schraubenkopf liegt auf dem Kragen der Gummitülle auf und berührt praktisch den Antrieb nicht direkt; dadurch besteht keine Verbindung zwischen Antrieb und Anlagenplatte, so daß die Resonanzgeräusche ausbleiben. Ein kleiner, aber sicherlich nicht unwichtiger Tip aus der Praxis.

Leider ist eine solche ,,leise Montage'' nicht bei jedem Antrieb möglich, weil der Platz für eine größere Befestigungsbohrung (zur Aufnahme der Gummitülle erforderlich) nicht vorhanden ist. Hier hilft notfalls eine Klebemontage mit doppelseitigem Teppichklebeband unter Zwischenlage eines Moosgummistreifens.

Nun ein paar Worte zu fernbedienten Entkupplungseinrichtungen. Die heutige Elektronik bietet dem Modellbahner schon sehr viele echte Betriebserleichterungen (und auch manchen unnötigen Schnickschnack als Abfallprodukt); sie bietet in ihren Digital-Fahrpulten auch eine Betätigungstaste für sogenannte Zusatz- oder Sonderfunktionen, wie Lokpfeife, Licht-Ein/Aus-Schaltung und andere zweitrangige Extras. Aber bei der digital gesteuerten Fernentkupplung, die wirklich sinnvoll wäre, ist derzeit noch keine innovative Lösung in Sicht. Auch Märklins Telex-Kupplung scheint im Digital-Zeitalter wieder zu einer prähistorischen Pioniertat zu verkümmern, denn sie findet sich nur an einigen wenigen Digital-Loks. Hier gibt es also in naher Zukunft noch einiges zu tun, denn die Fernentkupplung (zumindest bei Triebfahrzeugen) sollte eines Tages zum ,,Regelzubehör'' gehören.

Es bleibt auf absehbare Zeit der altväterliche Entkupplungsvorgang von Hand bzw. die elektromagnetische Entkupplerbetätigung in ganz bestimmten, dafür besonders geeignet erscheinenden Gleisabschnitten, auf deren Standort man sich durch Einbau eines Entkupplers festlegen muß. Ein wenig mehr (aber auch teurere und aufwendigere) Freizügigkeit bietet das amerikanische Kadee-Entkupplungssystem, das mittels Magnetplatten unter dem Gleis für mehr unauffällige Entkupplungsstellen sorgen kann. Aber diese zweifellos gute Kupplung hat sich – nicht zuletzt wegen ihrer, in den meisten Fällen diffizilen, zeitaufwendigen Montage – hierzulande kaum durchsetzen können. Moderne H0-Kurzkupplungen (Ade, Fleischmann, Märklin, Ribu und Roco) haben durch geringere Kosten und weniger Umrüstprobleme weitaus größere Chancen, sich den Markt zu erobern.

Doch nun zum elektromagnetischen ,,Entkupplungsgerät''. Praktisch jeder Gleishersteller und auch einige Zubehör-Hersteller bieten Entkuppler an, die sich für alle gängigen H0-Kupplungen (und in modifizierter Form auch für die N-Universalkupplung und die Fleischmann-N-Kurzkupplung) eignen. Das verwendete elektromagnetische System ist einfach und begreifbar: Eine unter der Anlagengrundplatte angebrachte Spule mit einem Eisenkern erhält durch einen Taster kurzzeitig Spannung, der Magnet zieht an und bewegt einen Stift, an dessen oberem

Weichenantriebe zum Unterflureinbau

Fabrikat und Bestellnummer	Antrieb		End-/ Abschaltung	Zusatz-kontakt-gruppen	Strom-aufnahme in A	Unterflur-Montageteile		Laternen-satz lieferbar	vorgesehene Montageart	
	Motor	elektro-magnetisch				vorhanden	lieferbar		geräusch-dämmend	variabel
Arnold 1795		X	X			X¹⁾		X		
Bemo	X		X	4		X	X		X	X
Fleischmann 6421, 6422		X	X			X¹⁾				
Fulgurex	X		X	2						
Herkat²⁾	X		X			X			X	X
NMW	X⁷⁾		X	X⁸⁾	0,02	X		X	X	
Old Pullman 50180	X		X		0,1		X		X	X
Old Pullmann 50135		X	X	2	3,0		X		X	X
Peco		X		X⁴⁾		X³⁾		X		
Repa		X	X⁶⁾	2⁵⁾	0,8	X		X	X	
Repa	X		X	2⁵⁾		X		X	X	
Roco 10010, 10011		X	X	1	0,6	X¹⁾	X	X		
Schuhmacher 4000	X		X	3		X			X	
Trix 14931, 14933		X	X			X¹⁾				

¹) Unterflurmontage werkseitig nur in Anlagengrundplatte-Ebene vorgesehen (in Höhe der Schwellenunterseite); Einbau unter der Grundplatte erfordert Einbauarbeiten mit Roco-Unterflur-Umrüstsatz, ²) weitgehend baugleich mit Bemo-Antrieb (auch in bezug auf Unterflurmontage), ³) Unterflur-Steck-montage werkseitig nur für Peco-Weichen; Zusatzteile für Fremdfabrikate lieferbar, ⁴) als steckbares Zurüstteil, ⁵) Montage zusätzlich lieferbarer Kontakte möglich, ⁶) durch lieferbares Kontaktpaar möglich, ⁷) reduzierter Schaltaufwand durch Einknopfbedienung, ⁸) Rückmeldekontakt eingebaut

Ende zwischen den Fahrschienen eine flache Platte befestigt wird, die die Entkupplungsbügel oder -stifte der jeweiligen Kupplung „lüftet" und dadurch die Fahrzeuge entkuppelt. Der Hub des Entkupplers ist so eingestellt, daß die Fahrzeuge nicht angehoben werden; bei einigen Fabrikaten läßt sich die Hubhöhe durch einen Gewindestift individuell einstellen. Das ist alles recht einfach und unkompliziert auch für eine nachträgliche Montage. Lediglich eine mittig zwischen den Fahrschienen im Gleiskörper einzubringende Bohrung ist erforderlich.

Die Entkupplerplatte ist bei einigen Fabrikaten bereits in Form einer Bohlenübergangs-Imitation ausgeführt (leider immer viel zu schmal, zu kurz und nicht immer ordentlich gegen seitliches Verdrehen gesichert), so daß ein relativ unauffälliger Einbau in Verbindung mit einem Gleisübergang möglich ist. Solche Gleisübergänge sind in jedem Bahnhof anzutreffen.

Die von mir geprüften Fabrikate funktionierten alle einwandfrei. Da für den Modellbahner die fest in ein Gleisstück integrierten „Entkupp-

Weichen- und Signalspannwerke (hier eine H0-Ausführung in Kunststoff von Vollmer) sind für alle Baugrößen als Modellnachbildungen in Bausatzform erhältlich, z. B. auch von Weinert als präziser Messingguß-H0-Bausatz und von NMW als exakter vorbildgetreuer Bausatz in H0 (s. Abb. auf S. 97)

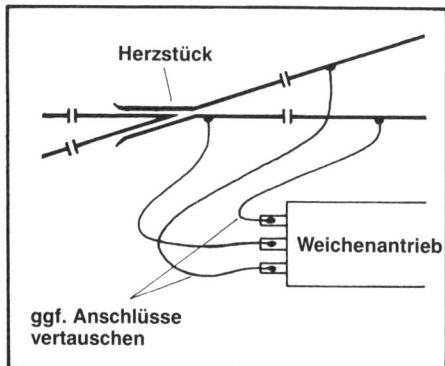

Herzstück

Weichenantrieb

ggf. Anschlüsse
vertauschen

Um eine durchlaufende Stromversorgung des isolierten Metallherzstückes einer Weiche zu garantieren, kommt eine sogenannte Polwendeschaltung im Herzstückbereich zur Anwendung, für die ein Kontaktsatz des Weichenantriebs freigehalten werden muß. Je nach Stellung der Weiche wird dann das Herzstück wechselweise mit positiver (+) bzw. negativer (-) Fahrspannung versorgt. Die durchlaufende Stromversorgung im Bereich der Weichen ist besonders wichtig für den einwandfreien Betrieb von zweiachsigen Triebfahrzeugen mit kurzem Radstand und für den auf Stromunterbrechungen besonders empfindlich reagierenden Digitalbetrieb. Die heute zur Regel gehörende „Herzstück-Polarisierung" (bei den neuen Roco H0-Weichen serienmäßig vorgesehen) erfordert grundsätzlich das Stellen der Weiche auf den gewünschten Fahrweg; ein „Aufschneiden" der Weichenzungen ist nicht nur vorbildwidrig, sondern führt auch zu Kurzschlüssen beim Fahrbetrieb in Verbindung mit polarisierten Herzstücken (bei den neuen Roco-Weichen ist deshalb die Polarisation „abschaltbar")

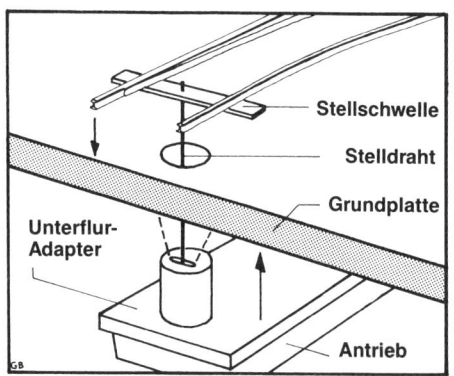

Stellschwelle

Stelldraht

Grundplatte

Unterflur-
Adapter

Antrieb

Als derzeit einziger „anknöpfbarer" Weichenantrieb eines Gleisherstellers läßt sich der Roco-Weichenantrieb mit Hilfe eines Adapterteils ohne Umbauarbeiten auch direkt unterhalb der Anlagenplatte montieren. Hinderlich ist z. Z. nur die unsymmetrische Ausführung der Antriebe, die eine Unterscheidung zwischen Rechts- und Links-Adapter notwendig macht lungsgleise" mit seitlichem Antrieb aus optischen Gründen in der Regel ausscheiden, empfehlen sich die Einzelentkuppler für den Unterflureinbau, wie sie beispielsweise von Roco, Herkat und Repa angeboten werden. Hier gefällt der Herkat-Antrieb besonders; er besitzt eine solide Hubjustierung und eine sichere Seitenführung der Entkupplungsbohle. Die Montage zeigt sich dafür wegen der zu kleinen oberen Befestigungsplatte ein wenig „fummelig". Da nun aus Gründen der Vorbildtreue nicht überall und vor jeder Weiche ein als Gleisüberweg getarnter Entkuppler eingebaut werden kann, sollte man sich schon bei der Gleisplanung sehr sorgfältig überlegen, an welchen Stellen im Bahnhofsbereich ein Entkuppler eingebaut werden kann.

Wenn die in einen Kopfbahnhof eingefahrene Lok vom Zug abgekuppelt werden muß, sollte man den Entkuppler dort anordnen, wo der Tender der längsten eingesetzten Lok mit seiner Kupplung zum Halten kommt. Das bedeutet natürlich auf der anderen Seite, daß dort, wo Entkuppler eingebaut sind, stromlose Abschnitte vor dem „Halt" zeigenden Signal nicht erwünscht sind; denn jedes Triebfahrzeug muß mit seiner hinteren Kupplung ziemlich genau über dem Entkuppler stehen. Also ist im Bahnhofsbereich für den Lokführer das „Fahren auf Sicht" obligatorisch – es ist ja auch viel interessanter. Das alles muß bei der Gleisplanung bedacht werden. Überlegen Sie sich also gut, an welchen Stellen Entkuppler sinnvoll und notwendig sind. Die Möglichkeit der Vorentkupplung heutiger Kupplungen trägt im übrigen mit zu einer Reduzierung der elektromagnetischen Entkuppler bei; dies gilt besonders in Bereichen von Rangier- und Ladegleisen.

Beim Zubehör rund um Gleise und Weichen ist eine komplette Darstellung aller Vorbildsituationen und Möglichkeiten praktisch kaum möglich, so vielfältig sind die „Begleiterscheinungen" rund um den Bahndamm. Hier soll deshalb nur auf einige Besonderheiten und grundsätzliche Betriebserfordernisse eingegangen werden, die eine entsprechende Nachbildung im Modell sinnvoll und glaubwürdig erscheinen lassen; einige Bildbeispiele ergänzen diese Hinweise.

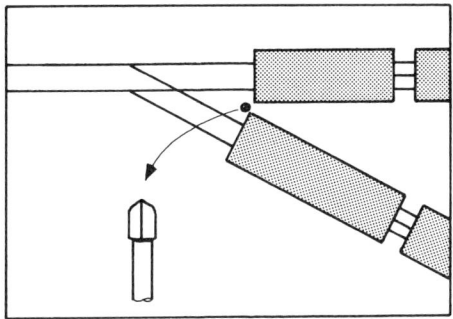

Beispiel für die Aufstellung eines Weichengrenzzeichens; es kennzeichnet als kleiner rotweißer Pfahl den Gefahrenbereich der Weiche. Den Abstand von den beiden Weichensträngen ermittelt man am besten mit den längsten und breitesten Fahrzeugen. Der Markierungspfahl bietet damit auch dem Modellbahner im Ragierbetrieb eine nützliche Hilfe bei der Festlegung der nutzbaren Gleislängen

In diesem Fall gilt ein besonderer Hinweis in verstärktem Maß: Sehen Sie sich einmal genauer in einem Bahnhof oder an einer Strecke um, um das viele „Zubehör" zu entdecken (und mit dem Fotoapparat festzuhalten), das dann auf der Anlage vorbildgerecht nachgestaltet werden kann.

Von der Haltetafel für die Zug-Spitze über das Wartezeichen für Rangierfahrten bis zum rotweißen Weichengrenzzeichen reichen beispielsweise die Signale und Kennzeichen, deren Bedeutung Signalbüchern und Reprint-Ausgaben früherer Signalvorschriften zu entnehmen sind. Ausführungsbestimmungen im einzelnen hier wiederzugeben, würde zu weit führen und auch dem Thema dieser Broschüre nicht gerecht werden.

Für Anlagen bis zur Epoche 3, in der mechanische Stellwerke und Flügelsignale noch die Regel waren, sind sogenannte Spannwerke unverzichtbar. Sie sind normalerweise vor allem im Bahnhofsbereich (in Stellwerknähe) zu finden (auch in eigenen Spannwerkräumen, und damit „unsichtbar", unterhalb des Stellwerkgeschosses). Sie haben die Aufgabe, die Stelldrähte (Drahtseile) für die mechanisch betätigten Wei-

Am Beispiel dieses kleinen Kopfbahnhofs ist eine sinnvolle Anordnung von Entkupplungsgleisen (durch Punkte markiert) gezeigt. Die Lage der Entkuppler richtet sich nach der längsten im Einsatz befindlichen Lokomotive, die noch sicher vor dem Weichengefahrenbereich (s. Grenzzeichen) zum Halten kommen muß. Durch Einsatz von vorentkuppelbaren Kurzkupplungen (z. B. Ade, Fleischmann, Märklin, Ribu, Roco oder Kadee) können einige fest installierte Entkupplungsvorrichtungen eingespart werden

chen und Formsignale über Gewichte zu spannen. Bei Weichen betrug die zulässige Drahtzugleitung 350 m, bei Signalen bis zu 1 200 m. Spannwerkattrappen gibt es für N und H0 von verschiedenen Zubehörherstellern: Die Spannwerke werden direkt am Bahndamm in Gleisrichtung (Seilverlauf) aufgestellt. Gleiches gilt auch für die Seilführungen mit ihren abgedeckten Rollen und Umlenkkästen, die entlang der Strecke zu finden sind. Wer deren Zugdrähte im Modell nachbilden will, muß zu ganz dünnem Kupferlackdraht (∅ 0,15 mm) greifen und versuchen, ihn möglichst stramm zu spannen. Besser – dies gilt auch für Telegrafenmasten entlang der Strecke (bis Epoche 3) – ist in den meisten Fällen wohl der Verzicht auf diese Drähte. Erstens lassen sie sich kaum in der gewünschten Exaktheit verlegen, und zweitens ist die Gefahr der Beschädigung, vor allem bei Telegrafenleitungen, einfach zu groß.

Streckenfernsprecher findet man normalerweise in der Nähe von Hauptsignalen außerhalb des Bahnhofsbereichs. Auch hier gibt es genügend Bausatzangebote.

Moderne Weichen- und Signalstelltechnik erfolgt heute über Elektroleitungen und Stellmotoren. Die Leitungen und Stellmechanismen werden verdeckt in Kabelschächten und Rohrleitungen mit Abzweigkästen geführt. Wie man solche Attrappen – sie sind ebenfalls im Zubehörangebot verschiedener Firmen zu finden – fachgerecht auf der Anlage verlegt, zeigen die Abbildungen und – das sei nochmals wiederholt – der Besuch in einem Bahnhof.

Soviel zum Thema Weichenantriebe, Entkuppler und Zubehör. Wenn sie keine konfektionierten Industrieweichen verwenden, sollten Sie auf einen ,,zugkräftigen" Antrieb achten, damit Sie Ihre Weichen immer sicher stellen können. Das vorbildgerechte Zubehör rund um den Bahndamm sollten Sie sich draußen am Bahndamm oder im Bahnhof durch Inaugenscheinnahme näherbringen. Dafür gibt es keine, alle Möglichkeiten berücksichtigende ,,Gebrauchsanweisung".

8

Die Fahrleitung

Die Fahrleitung (auch als Oberleitung bezeichnet) ist beim Vorbild der Lebensnerv für den modernen Elektrobetrieb. Bei Modellbahnern ist sie dagegen heute, im Zeitalter elektronischer Mehrzugsysteme, aus betrieblicher Sicht nur noch als zweitrangig anzusehen. Doch der Ellok-Fahrer braucht sie aus Gründen der „optischen Vorbildtreue". In diesem Kapitel finden Sie nicht nur notwendiges Wissen, sondern auch Gedanken, die in Richtung einer noch vernünftig realisierbaren Modell-Oberleitung zielen.

„Du liebe Zeit – ist die aber dünn!" Dieser Stoßseufzer stammt von einem Modellbahner, der sich – den Blick himmelwärts gerichtet – am Bahndamm einen persönlichen Eindruck von der Wirkung der Fahrleitung verschaffen wollte. Und damit ist in der Vorrede schon das heiße Eisen angefaßt. Der beim Vorbild verwendete Fahrdraht hat einen Durchmesser von ganzen 12 mm; das entspricht in Baugröße H0 einem „Hauch" von nur 0,13 mm Drahtstärke (von den Abmessungen in kleineren Baugrößen ganz zu schweigen). Ergo: eine absolut maßstäbliche und gleichzeitig hundertprozentig betriebssichere Nachbildung von Fahrleitungen ist mit den der Industrie und uns zur Verfügung stehenden Techniken und Materialien schlichtweg unmöglich. So weit, so gut. Lassen wir sie also weg und schließen das Kapitel gleich wieder; die Nur-Dampflok-Freunde würden das sicherlich begrüßen.

Aber so leicht wirft der Modellbahner die Flinte nun auch wieder nicht ins Korn. Wenn auf einer Modellbahn-Anlage Elloks zum Einsatz kommen, das ist schätzungsweise auf jeder zweiten oder dritten Anlage der Fall, dann kann man die Oberleitung nicht einfach weglassen. Das ist vorbildwidrig. Aber wir wollen als Fahrleitung andererseits auch keine „Wasserrohre" über den

Gleisen, die den mühsam geschaffenen, perfektionierten Anlagengesamteindruck mit einem Schlag zunichte machen. Was tun?

Als erstes muß eine Antwort auf die Frage gefunden werden: Soll die Oberleitung als zusätzlicher elektrischer Leiter eine Betriebsfunktion erfüllen (unabhängiger Zwei-Zug-Betrieb auf einem Gleis ohne Zusatzelektronik) oder soll sie nur als Attrappe dienen, weil Elloks auf der Anlage eingesetzt werden? Wer aus betrieblichen Gründen auf eine funktionsfähige Oberleitung nicht verzichten will, kann unter den Angeboten der Modellbahn- und Zubehörhersteller wählen (s. tabellarische Übersichten im nächsten Kapitel). Oder er versucht sich im Selbstbau der filigranen Fahrdrähte, Halteseile und Hänger. Hierfür ausführliche Anleitungen zu geben, würde nicht nur den inhaltlichen Rahmen dieser Broschüre sprengen, sondern könnte auch nicht die vielfältigen Möglichkeiten und Ausführungsformen des Fahrleitungsselbstbaus berücksichtigen. Deshalb vorweg nur soviel zum Selbstbau: Bei Verwenden auch nur annähernd richtiger Drahtstärken ist bei der Modellfahrleitung ein Spannen der Fahrdrähte erforderlich (ähnlich wie beim Vorbild), damit sie nicht von den Stromabnehmern der Elloks hochgedrückt werden. Dafür empfehlen sich die Stahlmasten von

„Viel Vorbildliches" ist auf dieser Aufnahme (Strecke Salzburg–München) zu sehen: Zwei Gitterflachmaste mit besonders langen Winkelauslegern (Bauart 1928) mit DB-Regelfahrleitung (Seitenhalter-Befestigung und Y-Beiseil)   Foto: Pempelforth

Sommerfeldt (N und H0), die mit seitlich auftretenden Zugbeanspruchungen deutlich besser fertig werden als die üblichen Kunststoffmasten. Diffizile Lötarbeiten mit Hilfe von Schablonen erschweren den zeitaufwendigen Selbstbau. Auf die senkrechten Hänger zwischen Halteseil und Fahrdraht wird man beim Spannen (mittels Federn oder Gewichten) wohl auch verzichten müssen, da die winzigen Lötstellen auf Dauer kaum der Zugbelastung standhalten.

Etwas leichter tut man sich nur dann, wenn auch die Selbstbau-Fahrleitung lediglich als Attrappe dienen soll. In diesem Fall müssen grundsätzlich die Dachstromabnehmer der Elloks in ihrer maximalen Höhenlage so arretiert werden, daß die Schleifstücke mit etwa 1 mm Abstand unter der Fahrleitung bleiben und diese auf keinen Fall berühren. Anleitungen verschiedenster Art zum Selbstbau von Fahrleitungen findet der interessierte Modellbahner in den Modellbahn-Fachzeitschriften. Als sehr nützlich beim Oberleitungsbau erweisen sich die Sommerfeldt-Lichtraum-Profillehre und die H0-Montagelehre.

Ob funktionstüchtig oder nicht – in jedem Fall müssen die Fahrleitungsmasten entlang der elektrifizierten Strecke aufgestellt werden. Das Industrieangebot an Fahrleitungsmasten ist derzeit zufriedenstellend. Wenn auch die Ausführung der Masten nicht in allen Teilen vorbildgerecht ist, weil sie ja für das Einhängen relativ dikker Fahrdrahtteile ausgelegt ist, so lassen sich die Masten doch recht gut verwenden und ersparen aufwendigen Selbstbau; dies gilt besonders für die Sommerfeldt-Metallmasten. Um zu wissen, wo und in welchen Abständen die verschiedenen Mastarten richtig aufgestellt werden und wie die Fahrleitung zu planen ist, zuvor ein kurzer Überblick zur Vorbildsituation, soweit diese Angaben von vorrangiger Bedeutung für den Modellbetrieb sind. Bewußt wird hier auf die ausführliche Darstellung einer Reihe von Sonderbauarten und betrieblich bedingter Sonderfälle verzichtet, sowie auf verschiedene Vorbilddetails, die für den Modellbahner wegen der anfangs erwähnten, stark eingeschränkten Nachbau-Möglichkeiten von untergeordnetem Interesse sein müssen.

Die Regelfahrleitung der DB mit Einzel-Rahmenflachmasten und seitlich beweglichen Rohrauslegern (unterschiedlicher Länge), wie sie als Normalvorbild für eine Modell-Oberleitung nach DB-Vorbild anzusehen ist
Foto: Pempelforth

Einzelmasten (mit besonders langem Rohrausleger) können auch auf Bahnsteigen aufgestellt werden. Als Alternative für den Modellbetrieb empfehlen sich Großausleger-Konstruktionen mit Winkelmast für das Überspannen mehrerer Gleise (s. a. Kapitel 9)
Foto: Pempelforth

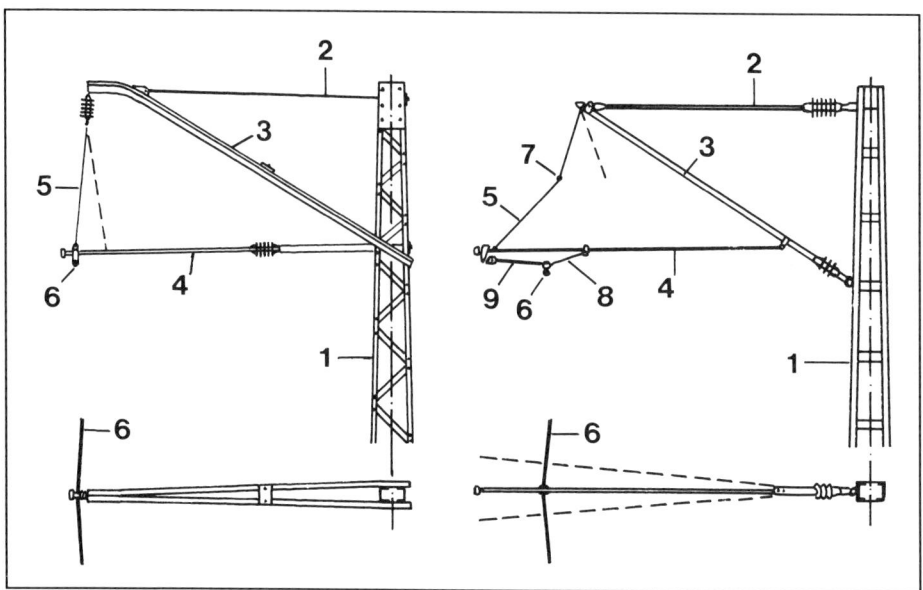

Die unmaßstäblichen Skizzen zeigen die für den Modellbetrieb optisch wichtigen grundsätzlichen Unterschiede zwischen den Masten der Regelfahrleitung 1928 (links) und der Regelfahrleitung 1950; die Unterschiede finden sich sowohl in der Form des Auslegers als auch in der Befestigung der Fahrleitung.

Ziffernerklärung (linke Skizze):
1 = Gitterflachmast, 2 = Zugseil oder Druckrohr, 3 = fester Ausleger aus Winkelstahl, 4 = Stützrohr, 5 = Hänger, 6 = Fahrdraht.

Ziffernerklärung (rechte Skizze):
1 = Rahmenflachmast, 2 = Zugseil oder Druckrohr, 3 = gelenkig gelagertes Auslegerrohr, 4 = Stützrohr, 5 = Hänger, 6 = Fahrdraht, 7 = Y-Beiseil, 8 = Draht für Windsicherung, 9 = Fahrdraht-Seitenhalter. Die gestrichelten Linien zeigen die Fahrdrahtlage bei kurzen Auslegern an bzw. den Schwenkbereich des Auslegerrohrs bei der Fahrleitung 1950

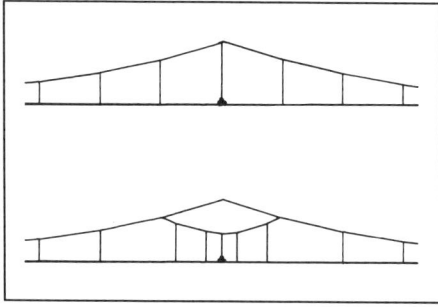

Schematisch sichtbarer Unterschied zwischen der Fahrdrahtaufhängung der Bauart 1928 bzw. DB 1950 (Re 100, Rev 100, Re 75), obere Skizze, und der DB-Regelfahrleitungen RE 200 und Re 160 (untere Skizze). Optisch auffälligstes Unterscheidungsmerkmal ist das sogenannte Y-Beiseil; es dient zur Verbesserung der Elastizität des Fahrdrahtes in Höhe des Auslegers

Normen Europäischer Modellbahnen	NEM
Fahrdrahtlage	**201**
Verbindliche Norm Maße in mm Ausgabe 1979	

Diese Norm bestimmt den Lagebereich des Fahrdrahtes bei Oberleitungsbetrieb von Modellen europäischer Regel- und Breitspurbahnen.

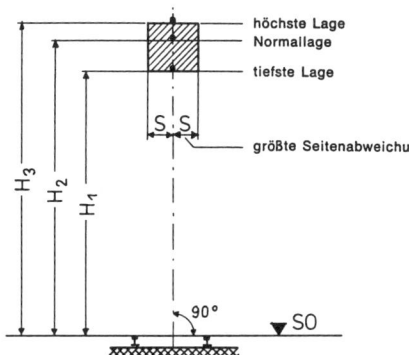

höchste Lage
Normallage
tiefste Lage

größte Seitenabweichung

90°   ▼ SO

Maßtabelle

Nenngröße	S [1][2]	H_1 [1]	H_2 [3]	H_3 [1]
Z	3	26	28	30
N	3,5	35	38	40
TT	4,5	45,5	50	52,5
H0	6	62	69	73
S	8	82,5	93	98,5
0	11	114	130	139
I	15	157	181	194

Anmerkungen

[1] Die Maße S, H_1 und H_3 sind Betriebsgrenzmaße. Die Fahrleitung ist so zu erstellen und zu unterhalten, daß die Lage des Fahrdrahtes auch unter dem Einfluß des Anpreßdruckes des Stromabnehmers, der Polygonführung im Bogen, von Temperaturschwankungen usw. den durch diese Maße umgrenzten Raum nicht überschreitet.

[2] In der Geraden ist der Fahrdraht unter Beachtung des Maßes S im Zickzack zu verlegen, um eine gleichmäßige Abnützung des Schleifstückes zu erzielen.
Einige Vorbild-Bahnen (z. B. SBB) verwenden Stromabnehmer mit extrem schmalen Wippen. Werden derartige Stromabnehmer maßstäblich nachgebildet, ist die größte zulässige Seitenabweichung S durch Versuche zu ermitteln.

[3] Das Maß H_2 wird in der Regel auf der freien Strecke angewendet. In Bahnhöfen liegt der Fahrdraht mitunter höher, im Tunnel und unter Brücken nach Bedarf tiefer.

Normen Europäischer Modellbahnen

Stromabnehmer bei Oberleitungsbetrieb

NEM 202

Verbindliche Norm   Maße In mm   Ausgabe 1979

Diese Norm bestimmt die Wippen- und Schleifstückbreite sowie die Arbeitslagen des Stromabnehmers bei Oberleitungsbetrieb nach NEM 201.
NEM 202 gilt in Verbindung mit NEM 201 nur für Triebfahrzeuge, deren Stromabnehmer senkrecht über den Punkten angebracht sind, die das Fahrzeug im Gleis führen (Drehgestellzapfen oder Endachsen des festen Achsstandes). Weicht die Lage des Stromabnehmers wesentlich davon ab, sind die erforderlichen Werte durch Versuche zu ermitteln.

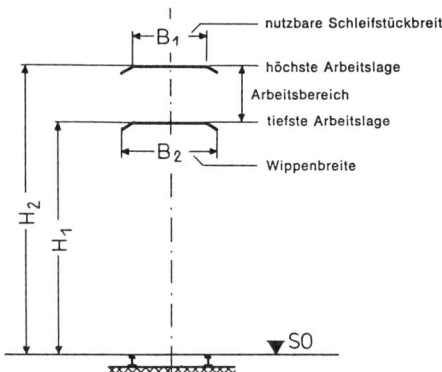

nutzbare Schleifstückbreite
B_1
höchste Arbeitslage
Arbeitsbereich
tiefste Arbeitslage
B_2
Wippenbreite
H_2 H_1
▼SO

Maßtabelle

Nenngröße	B_1		B_2 [2]		H_1 [1]	H_2 [1]
Z	8	+ 0,3	10	− 0,3	25	31
N	10,5	+ 0,5	14	− 0,5	34	41
TT	14	+ 0,7	18,5	− 0,7	44	54
H0	19	+ 1	25	− 1	60	75
S	25	+ 1,5	33	− 1,5	80	101
0	34	+ 2	45	− 2	111	142
I	47	+ 3	62	− 3	153	198

Anmerkungen

[1] Die Maße H_1 und H_2 bezeichnen die Grenzlagen des Schleifstückes, bei denen noch die einwandfreie Funktion des Stromabnehmers gewährleistet sein muß.
Für den abgesenkten, nicht arbeitenden Stromabnehmer gilt das Grenzmaß H_4 von NEM 301.

[2] Die Stromabnehmerwippe nach dieser Norm ist breiter als maßstäblich verkleinerte Wippen bestimmter Vorbild-Bahnen (z. B. SBB). Bei maßstäblicher Nachbildung derartiger Stromabnehmer ist NEM 201, Anmerkung [2] 2. Absatz zu beachten.

Man unterscheidet zunächst zwischen der Einheitsfahrleitung 1928 der Deutschen Reichsbahn, mit schrägen, starren Winkelauslegern, die am Mast festgeschraubt sind, und der DB-Regelfahrleitung von 1950, mit schwenkbarem dünnem Rohrausleger und daran gelenkig gelagertem Auslegerrohr. Auch die Einzelmastformen haben sich – neben der Fahrdrahtaufhängung – im Lauf der Jahrzehnte gewandelt. Fanden anfangs Gitterfachwerkmasten Verwendung, so findet man heute Flachmasten (aus U-Profilen mit waagerechten Bindeblechen), Betonmasten und H-Profilmasten (Peiner Träger). Grundsätzlich werden auf freier Strecke Einzelmasten aufgestellt, im Bahnhofsbereich dagegen Turmmasten mit Quertragwerken für das Überspannen mehrerer Gleise und in Fällen, in denen der Platz das Aufstellen von Einzelmasten nicht gestattet.

Heute geht auch die DB von den Quertragwerken ab und – wo möglich – zu Einzelmasten über (ggf. mit Mehrfachausleger). Dies empfiehlt sich auch für die Modellbahn-Anlage, denn die Querverspannungen sehen mehr oder weniger deutlich überdimensioniert aus. Wie man einen solchen praktischen Winkelmast („Turmmast") mit großem, zwei oder mehrere Gleise überspannenden, Ausleger im Modell unter Verwendung von Industrie- und Selbstbauteilen anfertigt, wird im nächsten Kapitel beschrieben.

Vielfältige Sonderbauformen für Brücken, bei eingeschränktem Lichtraumprofil, im Bahnsteigbereich und in Tunnelabschnitten ergänzen Mast- und Auslegerarten individuell; einige, auch auf der Modellbahn-Anlage häufiger vorkommende Sonderformen sind als Skizze dargestellt. Gegen Rost wurden ältere Masten durch einen grauen, hellgrünen oder auch beigefarbenen Anstrich geschützt. Neue Masten werden feuerverzinkt, wodurch sich der Anstrich erübrigt; dennoch ist die hellgrüne Farbgebung auch hier noch anzutreffen (z. B. Sommerfeldt-Farbe 083). Die Höchstspannweite (Mastabstand) in der Geraden beträgt beim Vorbild 80 m. Das entspricht in H0 etwa 90 cm - zuviel, nicht nur aus betrieblicher Sicht. Denn auch die generell verkürzten Streckenlängen sollten im Mastabstand zum Ausdruck kommen. Etwa 50 cm Mastabstand (in N ca. 30–40 cm) sind hier ein optisch und betrieblich guter Kompromiß. Natürlich hat sich auch der Normenausschuß des Morop Gedanken über die Modellfahrleitung gemacht; im NEM-Blatt 201 sind alle wichtigen Maße und Toleranzen festgelegt.

Wer nun nach den geradezu „erdrückend filigranen Vorbildfakten" den Entschluß faßt, nur eine Fahrleitungsattrappe zu montieren, kann - abgesehen vom Selbstbau - zwischen zwei Möglichkeiten wählen. Entweder verwendet man die Fahrleitungsstücke von Sommerfeldt oder Vollmer (evtl. mit Farbe nachdunkeln) oder dünne schwarzgraue Gummifäden zur Andeutung lediglich des Fahrdrahts unter Verzicht auf die Nachbildung von Halteseilen und Hängern. Diese letztere Möglichkeit mag auf den ersten Blick schockieren, aber sie bietet im Gesamteindruck - insbesondere auf größeren Anlagen - nicht einmal den schlechtesten Kompromiß einer Fahrleitungsattrappe. Arnold bietet diesen „Gummifaden-Gedanken" seit Anfang an in seinem Programm als N-Fahrleitung ohne Funktion. Nachteil: Nach einigen Jahren kann der Gummifaden spröde werden; hier könnte ein gelegentliches Einreiben mit Glycerin die Lebensdauer der Gummifäden sicherlich nachhaltig verlängern, bevor ein Auswechseln notwendig wird. Die Vorteile der Gummifaden-Oberleitungsattrappe: Man „ahnt" zwischen den Masten die Fahrleitung, die sich nur in Form dünner dunkler Striche optisch unaufdringlich zeigt; der sonst störende „Drahtverhau" über den Gleisen ist nicht vorhanden. Außerdem hat unbedachtes Hineinlangen in die Anlage keine katastrophalen Folgen wie beispielsweise bei einer filigranen Selbstbau-Oberleitung.

Soviel zum Thema „Oberleitung beim Vorbild" - immer im Hinblick auf eine noch mögliche Realisierung im Modell. Die Umsetzung einer Vorbild-Fahrleitung ins Modell ist eine der schwierigsten Aufgaben, die der Modellbahner nur mit der Bereitschaft zu größeren Kompromissen lösen kann.

9

Modellfahrzeuge „unter Draht"

Nach den sicherlich nicht allzu optimistisch klingenden Bemerkungen über die Vorbild-Fahrleitung im vorausgegangenen Kapitel gilt es nun, den bestmöglichen Kompromiß zu finden, um die Modellbahn-Elloks „unter den Draht zu bringen". Was ist im Angebot, was ist machbar und was empfiehlt sich? Auf diese Fragen zum Thema Modell-Oberleitung versucht dieses Kapitel praktikable Antworten zu geben.

Wer seine Anlage „elektrifizieren" will, sollte dies nach Möglichkeit nur in Teilbereichen tun, denn auch die zierlichste Selbstbau-Oberleitung ist immer noch deutlich überdimensioniert. Ein Fahrdrahtgewirr über allen Gleisen, bis hin zum letzten Rangier- oder Abstellgleis, wäre unklug. Besser ist es meiner Meinung nach, ausgewählte Strecken und bestimmte Gleise im Bahnhofsbereich zu überspannen – nur dort, wo auf jeden Fall Elloks verkehren müssen.

Einige Bildbeispiele geben einen Überblick über Planung und Ausführung der Modell-Oberleitung. Eine spezielle Oberleitungs-Broschüre von Sommerfeldt zeigt im übrigen, wie mit diesem Material Modell-Fahrleitungen gebaut werden können; ein Abdruck dieser Beispiele wäre deshalb an dieser Stelle wenig sinnvoll.

Bei empfohlener, nur teilweiser Überspannung der Gleise mit Fahrdrähten kommt den Fahrleitungssignalen besondere Bedeutung zu; die wichtigsten finden Sie deshalb in diesem Kapitel in zeichnerischer Darstellung.

Sehen wir uns die einzelnen industriell gefertigten Oberleitungssysteme an Hand von Abbildungen in Verbindung mit den tabellarischen Übersichten einmal näher an, um festzustellen, was für unsere Zwecke brauchbar ist. Kleinserienprodukte (z. B. die Heless-Fahrleitung nach

ÖBB-Vorbild oder die Herei-Tunnel-Oberleitung für verdeckte Gleisstrecken) sind hierbei nicht berücksichtigt worden.

Arnold-Oberleitung (N)

Die Arnold-N-Oberleitung wurde Anfang der sechziger Jahre zu einem Zeitpunkt geschaffen, als man noch gar nicht daran dachte, N-Bahnen auch betriebssicher per Oberleitung fahren zu können (heute ist das sogar in Baugröße Z möglich). Wie schon im vorigen Kapitel angedeutet, ließ sich Arnold eine originelle Lösung einfallen, die auch heute noch ihre Berechtigung hat: die Gummifaden-Fahrleitungsattrappe. Lieferbar sind Einzelmasten mit kurzem und langem Ausleger, Turmmasten und Querverspannungen. Die eigentliche Fahrleitung besteht aus einem dünnen Gummifaden, der durch kleine Ösen an den Auslegern gefädelt wird und – unter Verzicht auf Halteseil und Hänger – die Fahrleitungsattrappe darstellt.

Wer nicht aus betrieblichen Gründen Wert legt auf eine funktionstüchtige N-Oberleitung, ist mit diesem System gut beraten; auch für H0-Bahnen kann man „mit dem Gummifaden leben" –

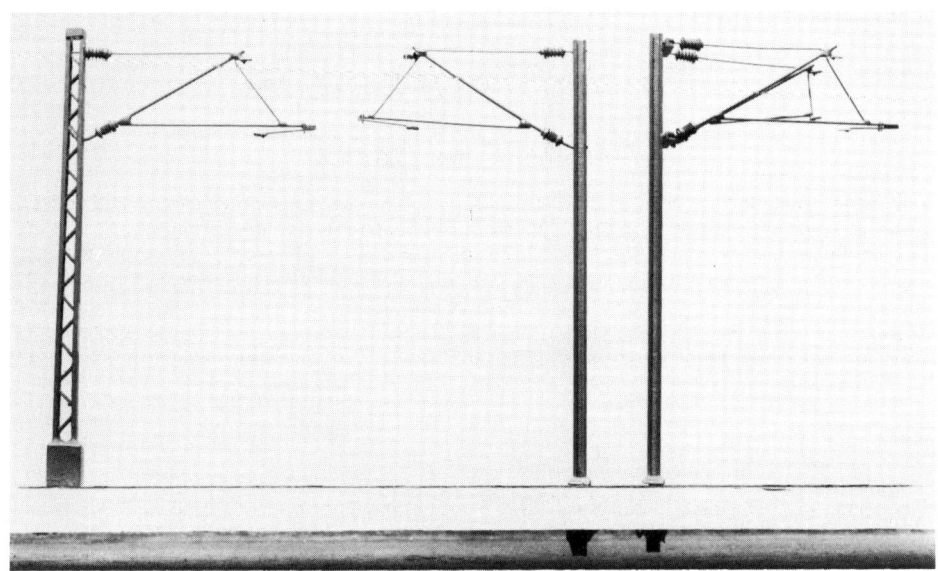

Der Traum von exakten vorbildgerechten Fahrleitungsmasten – hier wurde er in Form von Kleinserienmodellen (eine heute nicht mehr erhältliche französische Kleinserienproduktion) vorbildlich verwirklicht. Bemerkenswert: die zierlichen Fahrdraht-Seitenhalter, die zum typischen Erscheinungsbild der DB-Regelfahrleitungen gehören und bislang bei keinem industriell gefertigten Mast zu finden sind

Ein Querschnitt durch das zur Zeit angebotene Einzelmastsortiment der Industrie in H0: links der Sommerfeldt-Reichsbahn-Gitterflachmast, daneben (ebenfalls von Sommerfeldt) Rahmenflachmast, Betonmast und Breitflanschträgermaste (Peiner Träger) – alle in der neuen Ausführung ohne Kröpfung des Stützrohres. Das rechte Modell zeigt die seit 1984 verbesserte Ausführung der Vollmer-H0-Masten, die nach dem Vorbild der DB-Rahmenflachmasten mit drehbarem Schrägausleger entstanden. Die ausnahmslos aus Metall gefertigten Sommerfeldt-Masten werden mittels eingegossener Gewindestange unter der Anlagengrundplatte festgeschraubt, der Vollmer-Mast (aus Kunststoff) besitzt einen Metallfuß für die Schraubbefestigung von oben. Neu seit 1988 bei Sommerfeldt: Masten und Ausleger für die neue DB-Schnellfahr-Oberleitung

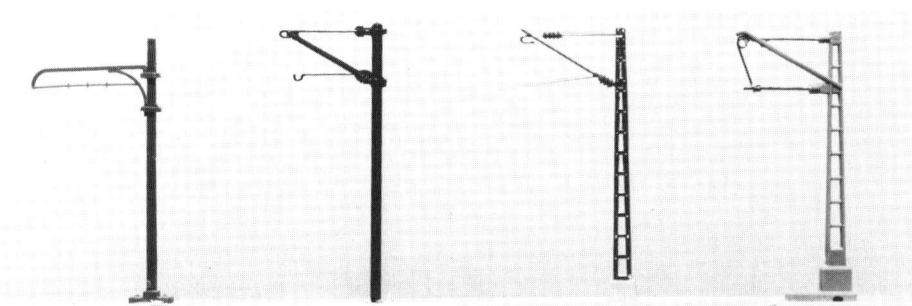

Auf dieser Abbildung ist ein Querschnitt durch das Angebot an N-Einzelmasten zu finden. Links ein Mast (Kunststoff) von Arnold, der für Vorort- und Straßenbahnen gedacht ist, daneben ein Betonmast (Metall) von Sommerfeldt (Befestigung durch strammes Einpassen in eine Grundplattenbohrung), daneben ein ebenfalls ganz aus Metall gefertigter Sommerfeldt-Rahmenflachmast und rechts außen der Vollmer-Rahmenflachmast aus Kunststoff

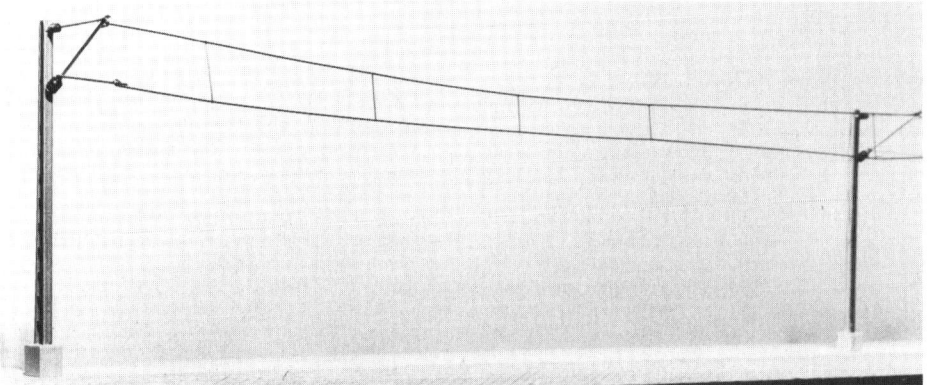

So sieht die neue Fahrleitung (H0) von Sommerfeldt aus (Fahrdrahtstärke 0,5 mm, Hänger 0,35 mm)

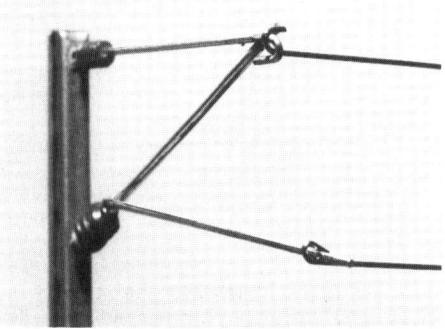

Die gerade auslaufenden Enden der neuen Sommer-feldt-H0-Fahrleitung werden mit einer kleinen Rund-zange vorsichtig um die obere Auslegeröse und um den auf entsprechende Länge gekürzten Rohrausle-ger gebogen

eine Entscheidung, die Sie allerdings selbst treffen müssen.

Des weiteren bietet Arnold, auf gleichem Prinzip basierend, auch für Straßenbahn- und Vorortbahnen Fahrleitungsmasten an, die sehr zierlich ausgefallen und dementsprechend auch empfindlich sind. Beim Verspannen des Gummifadens muß darauf geachtet werden, daß keine seitlichen Zugkräfte auftreten, weil sich die filigran gespritzten Kunststoffmasten andernfalls verbiegen können.

Märklin-Oberleitung (Z und H0)

Beim hauseigenen Oberleitungssystem vertritt Märklin offensichtlich den Standpunkt: einfach, aber absolut betriebssicher. Die aus vernickeltem Stahlblech ausgestanzten Fahrdrahtstücke sind zwar leicht an den Mastauslegern zu befestigen und auch (vorbildwidrig) zu biegen, aber ihr Gesamteindruck ist so wenig vorbildgerecht im Vergleich zu anderen Fabrikaten, daß sie für den Modellbahner keine Alternative darstellen können. Allenfalls das Z-Fahrleitungs-Sortiment wird man – mangels anderer Angebote – akzeptieren müssen.

Praktisch beim Märklin-H0-Fahrleitungsangebot sind die in zwei Breiten erhältlichen Quertragwerke, da sich das aus einem Teil bestehende ausgestanzte Stück bequem in die Turmmasten einhängen läßt. Die Masten des Märklin-Fahrleitungssystems sind aus Kunststoff gefertigt und in H0 sowohl für das Metallgleis (M) als auch für das Kunststoffgleis (K) lieferbar.

Sommerfeldt-Oberleitung (N bis 0)

Günter Sommerfeldt ist seit Jahrzehnten Spezialst für Modell-Oberleitungen und Ellok-Stromabnehmer. Diese langjährige Erfahrung spiegelt sich im Angebot von Sommerfeldt wider und umfaßt neben DR- und DB-Oberleitungssystemen auch die anderer europäischer Bahnverwaltungen. Zudem bietet Sommerfeldt auch Einzelbauteile für Oberleitungen in N, H0 und 0 an, so daß Eigenbau-Konstruktionen, bestimmten Vorbildsituationen nachempfunden, wesentlich erleichtert werden.

Sehr umfangreich ist das Sommerfeldt-Programm für H0-Oberleitungen. Besonderes Kennzeichen der Sommerfeldt-Masten ist die stabile (lötbare) Ganzmetall-Ausführung, die auch eine notwendige Verspannung ermöglicht und das Kombinieren von Bauteilen nach eigenen Ideen und unter Berücksichtigung spezieller Vorbild-Situationen erleichtert.

Vielfältig ist das Einzelmast-Angebot: Hier stehen Rahmenflachmasten, Betonmasten, Breitflanschträgermasten und auch Gitterflachmasten (DR) zur Verfügung. 1987 erfuhr die H0-Oberleitung zwei gravierende Änderungen, die sich deutlich zierlicher auf der Anlage wirken lassen: Die Stützrohre der Einzelmasten sind jetzt nicht mehr zum Einhängen der Fahrleitung gekröpft und können beliebig abgelängt werden (für „kurze" und „lange" Auslegerrohre bei der Zickzack-Fahrdrahtverlegung).

Vor allem die Fahrdrahtstärken bringen jetzt ein deutliches optisches Plus: Fahrdraht und Tragseil sind nunmehr 0,5 mm dünn, die senkrechten Hänger nur noch 0,35 mm. Dünner geht's derzeit wohl kaum noch, wenn der Betrieb unter Draht störungsfrei funktionieren soll. Die Quertragwerke (Querseilaufhängungen) werden hoffentlich ähnliche „Abmagerungskuren" erfahren; sie wirken z. Z. mit ihren relativ dicken Drähten noch recht überdimensioniert – ein Grund mehr, um sie nach Möglichkeit durch Winkelgittermasten (Turmmasten) mit Großauslegern zu ersetzen (s. a. Skizze). Entsprechende Bausatzteile bietet Sommerfeldt für die individuelle Gestaltung an, jedoch sollte man auch hier die 1-mm-Zugdrähte durch dünnere ($\varnothing$ 0,5 mm) ersetzen. Sommerfeldt bietet die Turmmasten in drei verschiedenen Höhen an, so daß sie sich praktisch für jeden Verwendungszweck eignen.

Mit dem Sommerfeldt-Angebot liegt ein H0-Fahrleitungssystem vor, das unter Berücksichtigung industrieller und kommerzieller Möglichkeiten

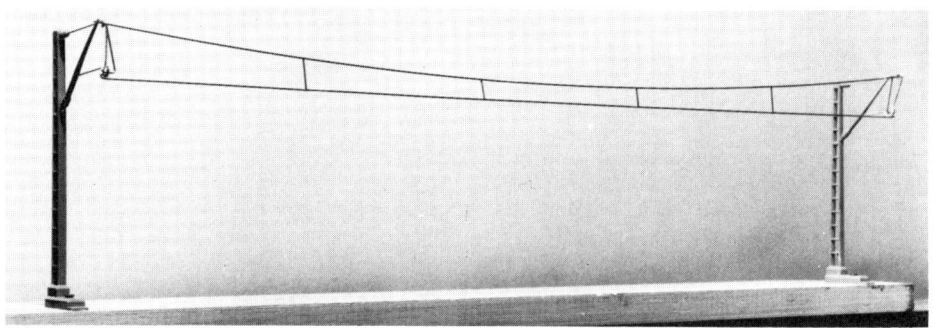

Beim Einhängen der Vollmer-H0-Fahrleitungsstücke muß wegen der vorbestimmten Fahrdrahtlängen auf genaue Einhaltung der Mastabstände geachtet werden

So sieht die Befestigung der Vollmer-H0-Fahrleitung im Detail aus; das Halteseil läuft gerade aus (wird durch die obere Auslegeröse gesteckt), der Fahrdraht wird im gekröpften Auslegerrohr durch den senkrechten Hänger sicher arretiert

Abbildungen rechte Seite:

Oben: Trotz zierlicher Ausführung sicher in der Befestigung ist die Sommerfeldt-N-Oberleitung; die Ösen für die Befestigung am unteren Maststützrohr müssen selbst gebogen werden

Mitte: Bei der Vollmer-N-Oberleitung ist die Montage bei genauem Mastabstand (wegen der vorgegebenen Fahrdrahtlängen) einfacher, weil die Fahrleitungsstücke bereits mit Befestigungsösen ausgestattet sind

Unten links: Aus Platzgründen können hier nur wenige der aus Industrieteilen kombinierten Sonderbauformen und Ergänzungsteile im Bild vorgestellt werden. Links ein Sommerfeldt-Turmmast (N) mit seitlich montiertem Ausleger, rechts ein Vollmer-Turmmast mit Leuchtenattrappe und Nachbildung eines Spanngewichtes (s. a. Hersteller-Kataloge).

Unten rechts: Auch Masten mit beidseitigem Ausleger (z. B. im Bahnsteigbereich zwischen den Gleisen aufzustellen) lassen sich aus Industrieteilen leicht selbst montieren; im Bild ein aus Sommerfeldt-N-Teilen zusammengesetzter Mast

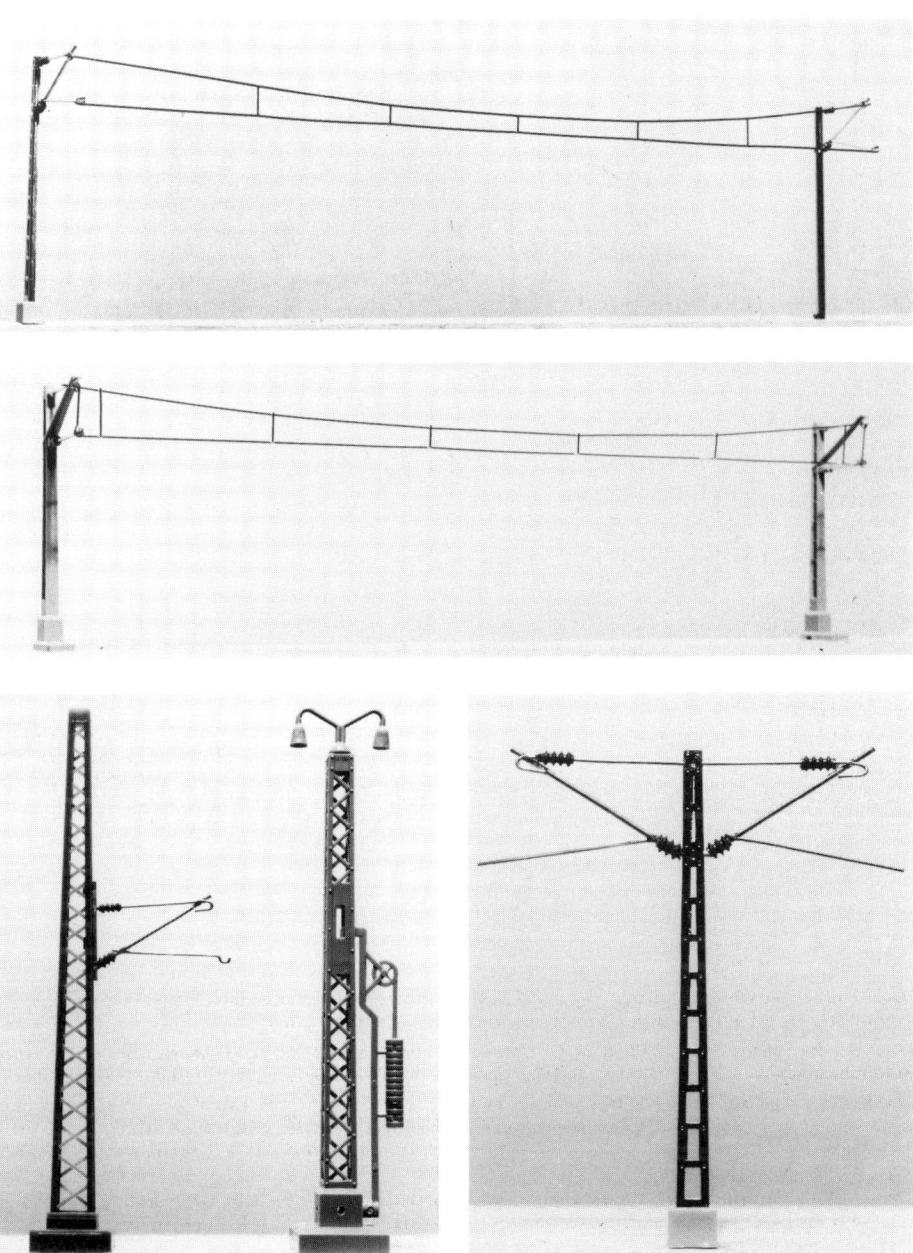

Idealer Ausgangspunkt für eine Straßenbahn- oder Vorortbahn-Anlage (bis Epoche 3) sind die Metallmasten von Sommerfeldt. Dazu ist eine Einfach-Fahrleitung erhältlich

ein Optimum an Machbarem bietet und einen vertretbaren Kompromiß darstellt zwischen gewünschter exakter Vorbildtreue und Modell-Betriebssicherheit. Ausführliche Anleitungen bietet dem Interessenten die Oberleitung-Broschüre von Sommerfeldt, die im Fachhandel erhältlich ist.

Ähnlich vielseitig wie das H0-Angebot ist auch das N-Oberleitungssystem von Sommerfeldt, ebenfalls ganz aus Metall gefertigt.

Vollmer-Oberleitung (N und H0)

Ebenfalls seit vielen Jahren auf dem Markt und qualitativ bewährt ist die Vollmer-Oberleitung, deren Masten (H0 und N) aus grauem Kunststoff

gespritzt sind. Seit 1984 bietet Vollmer für alle H0-Bahnen ein optisch deutlich verbessertes Oberleitungssystem an, das durch Einzelmasten mit langen und kurzen Stützrohren nunmehr auch eine vorbildliche Zickzack-Fahrdrahtverlegung ermöglicht.

Die Einzelmasten orientieren sich am Vorbild des DB-Rahmenflachmastes. Optisch gut gelöst hat Vollmer die Quertragwerke mit oberem Gummifaden-Quertragseil, miteinander verbundenen Draht-Richtseilen und Hänger-Tragseilteilen aus Kunststoff. Weniger vorbildgerecht ist dagegen die N-Oberleitung von Vollmer. Die Einzelmasten stellen DB-Rahmenflachmasten dar, aber die Ausleger entsprechen der Vorkriegs-DR-Fahrleitung. Die Fahrleitungsketten sind mit einem Drahtdurchmesser von 0,5 mm auch noch recht „stabil". Vollmer sollte die N-

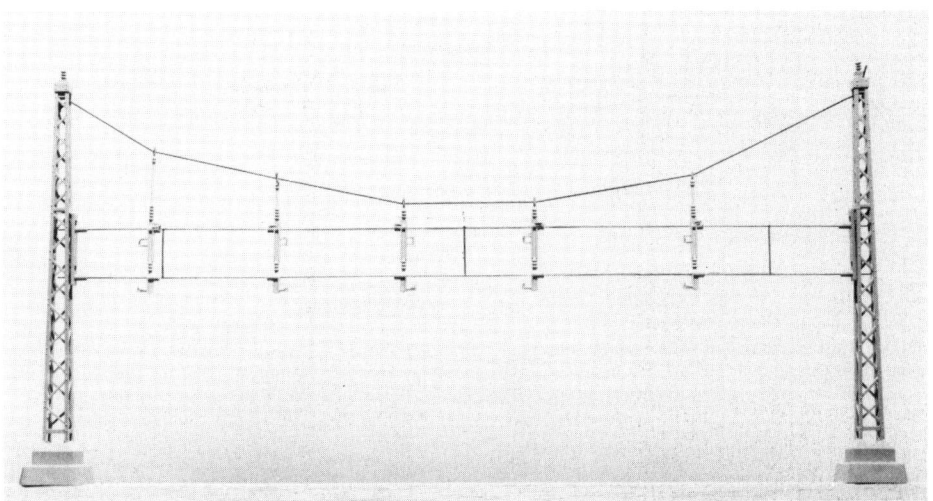

Bis zu sechs Gleise können mit dem Vollmer-Quertragwerk überspannt werden. Praktisch für die Montage: das Gummifaden-Tragseil und die bereits werksseitig fest verbundenen oberen und unteren Richtseile. Die Hänger bestehen jeweils aus einem in Kunststoff vergossenen Teil

Von der Konzeption her zwar mehr am Vorbild orientiert, aber (vor allem durch die unnötig „riesigen" Ösen für die Fahrleitungstragseile) nicht gerade zierlich wirkend sind die Sommerfeldt-H0-Quertragwerke. Vorbildlich, aber eigentlich unnötig und die Montage erschwerend sind die doppelten Tragseile aus stabilem Draht; hier wird sicherlich bald eine Änderung erforderlich sein

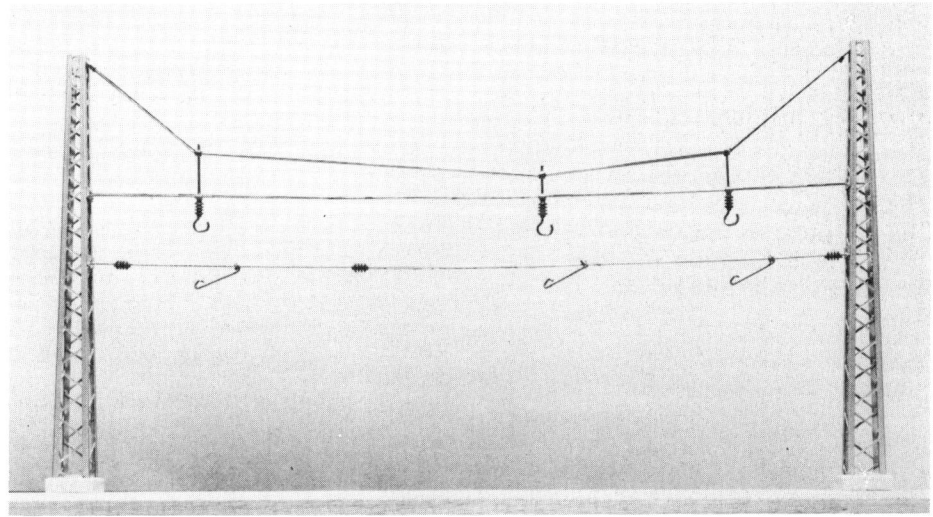

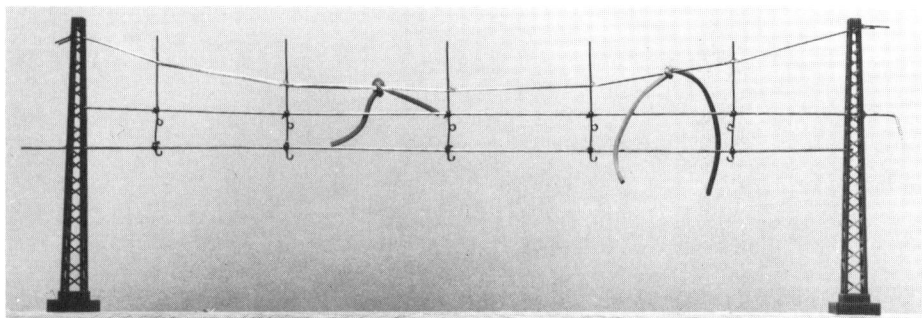

Auch bei der Sommerfeldt-N-Querverspannung ist das exakte Biegen und Befestigen der oberen Draht-Trag-
seile nicht ganz unkompliziert. Die aus Draht gebogenen senkrechten Hänger werden mit Uhu-plus an den
Tragseilen befestigt; letztere werden zweckmäßigerweise mit Gummifäden dicht zusammengedrückt

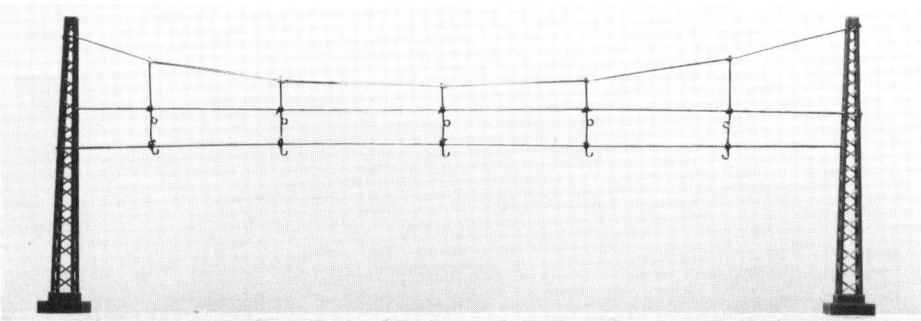

Nach Aushärten der Klebestellen werden die nach oben überstehenden Drahthänger mit einem Seiten-
schneider bündig abgeknipst. Insgesamt wirkt das Sommerfeldt-Quertragwerk in Baugröße N gefälliger als
in Baugröße H0

Ähnlich wie in der H0-Ausführung ist die Montage des Quertragwerks in N von Vollmer relativ einfach durch-
zuführen – dank der Gummifadenausführung des Tragseils und der bereits miteinander verbundenen Richtseile

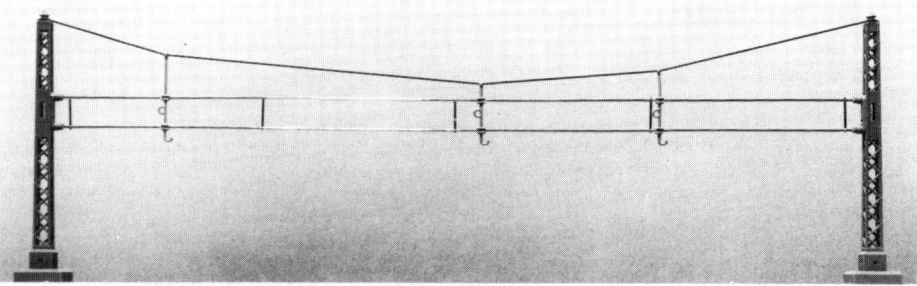

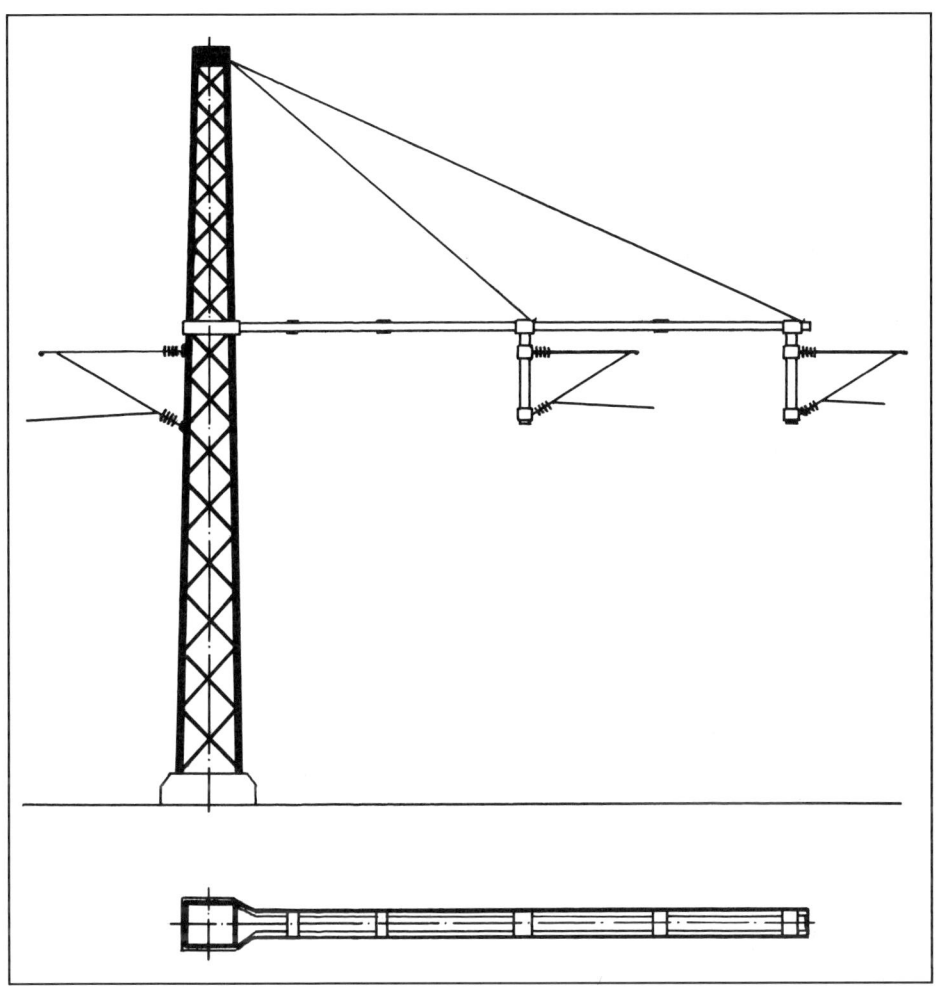

Nur eine von mehreren Möglichkeiten für den Selbstbau (unter Verwendung von Sommerfeldt-Einzelteilen) eines Turmmastes mit Großausleger. Diese Bauform ist für Modellbahnen zur Verminderung des ,,Mastenwaldes" und der meist unschön wirkenden Quertragwerke sehr empfehlenswert. Auch die DB versucht in vermehrtem Maß auf die aufwendigen Quertragwerke zu verzichten. Sehen Sie sich einmal beim Vorbild um. Wer die Sommerfeldt-Bausatzteile nicht verwenden will, kann den Ausleger auch aus Vierkantprofil oder aus U-Profilen 3 × 1 mm zusammenlöten oder kleben. Die Halteseile sollten in H0 auf keinen Fall dicker als 0,5 mm sein. Der Ausleger kann am Turmmast angelötet oder mit Uhu-plus angeklebt werden

Dieser Turmmast mit Großausleger entstand aus Sommerfeldt-Einzelteilen (H0); lediglich die dicken Halte-seile wurden durch dünne Drähte ersetzt. Je nach Auslegerlänge können ohne Probleme drei Gleise über-spannt werden (im Bild noch alte, gekröpfte Ausleger)   Foto: Klaus Spörle

Rechts oben: Als nur ein Beispiel für die vielfältigen Möglichkeiten beim Aufstellen der Fahrleitungsmasten soll diese Skizze dienen (ein Spaziergang am Bahndamm in schwierigem Gelände bringt Ihnen unzählige weitere Anregungen): Durch den schmalen Einschnitt an einem felsigen Gelände ist hier die Montage des Auslegers ohne Mast direkt an der Stützmauer notwendig. Die auf der rechten Seite höher liegende Straße ist neben dem Geländer durch ein zusätzliches Schutzgitter gegen Berührung des Mastes gesichert. Ähn-liche Schutzgitter (gegen Fahrleitungsberührung) finden sich auch an Brücken

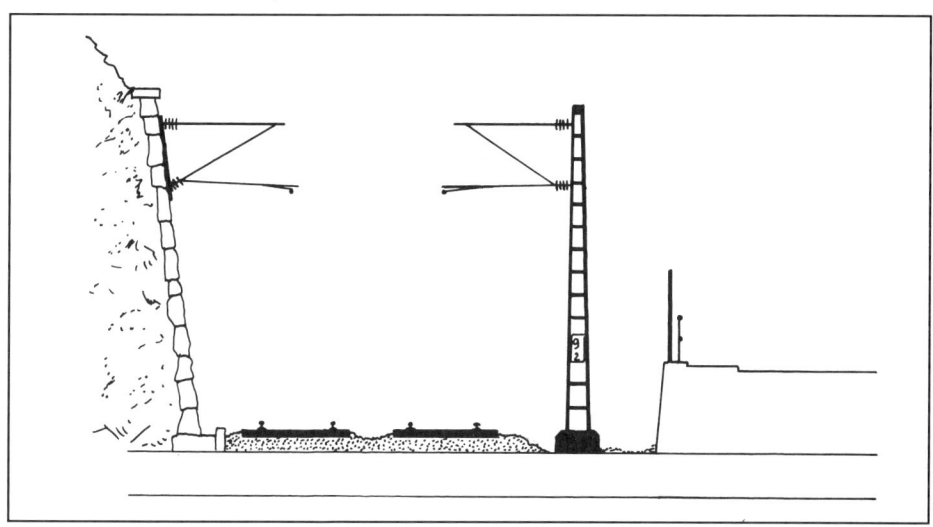

Unten: Zum Abschluß noch ein Blick auf die Fahrleitungssignale der DB (Rasterflächen = blau, Umrandungen schwarz bzw. weiß). In der oberen Reihe (von links nach rechts) das Signal El 1 „Ausschalten" und El 2 „Einschalten". Diese Signale sind vor allem an älteren Brücken über nachträglich elektrifizierten Gleisen zu finden, wenn die Durchfahrthöhe niedriger als normal liegt. Der Lokführer muß dann vor der Brücke (El 1) die Lok ausschalten und anschließend (El 2) wieder einschalten. Daneben das Signal El 3; es kündigt das daneben abgebildete Signal El 4 „Bügel ab" an und wird beim Vorbild mindestens 250 m vor diesem aufgestellt. Rechts außen das Signal El 5 „Bügel an"; hier können die Stromabnehmer der Lok wieder angelegt werden. Wesentlich wichtiger für die Modellbahn sind die in der unteren Reihe gezeigten Varianten des Signals El 6, das anzeigt, daß Fahrten von Triebfahrzeugen mit angehobenem Stromabnehmer über dieses Signal hinaus verboten sind (wichtig im Hinblick auf die empfohlene Teil-Elektrifizierung der Anlage). Die zusätzlichen Richtungspfeile zeigen an, auf welchen Gleisen dieses Verbot gilt. Diese Fahrleitungssignale sind entweder an Pfosten neben dem Gleis befestigt oder an der Fahrleitungsverspannung

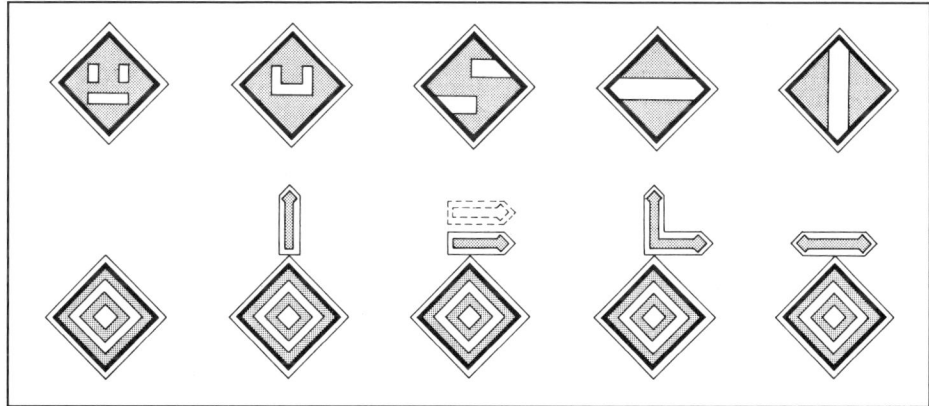

Fahrleitungen nach DB/DR-Vorbild in Modellausführung N und H0
(Maße in mm)

Baugröße	Hersteller	Streckenmast 1928	Streckenmast 1950	Bauart	Material der Maste	Anschlußmast
N	Arnold	K, L		Gittermast	Kunststoff	
	Vollmer	K, L		Gittermast	Kunststoff	ja
	Sommerfeldt		K, L	Betonmast	Stahl, Turmmast Kunststoff	wie bei H0
H0	Vollmer		K, L	Flachmast	Kunststoff	ja
	Sommerfeldt	K, L¹)	K, L¹)	Flachmast Gittermast Betonmast Walzprofil (Differdinger H-Profil)	Stahl	— nach Vorbild oder über die Mastbefestigung

¹) Stützrohr am Mast kann beliebig gekürzt werden; Sommerfeldt liefert ab 1987 alle Mastausführungen auch ohne gekröpftes Stütz-rohr. Ab 1988 bietet Sommerfeldt auch Masten für DB-Hochgeschwindigkeitsstrecken an.

In dieser tabellarischen Zusammenfassung sind nur die gängigen, modellbahngerechten Fahrleitungssysteme der Baugrößen N und H0 aufgeführt, die ein optisch befriedigendes bis gutes Bild auf einer elektrifizierten Anlage bieten. Die Märklin H0-Fahrleitung wurde wegen der unschön wirkenden gestanzten Fahrleitungsstücke hier nicht aufgenommen.

Fahrleitungen nach DB/DR-Vorbild (Fortsetzung)

Baugröße	Hersteller	Nachspannwerk	Separater Ausleger	Funktions-fähig	Besonderheiten
N	Arnold	Radspannwerk, gekürzter Turmmast	ja	nein Attrappe	Lampenimitation für Turmmast
	Vollmer	Radspannwerk, gekürzter Turmmast	—	ja	Fahrdraht für Ellokschuppen und Kasten-brücke Lampenimitation für Turmmast Ausgleichs- und Unterbrechungsstück
	Sommerfeldt	Zugfeder	K, L	ja	Fahrdrahttrenner Doppelmast, Endmast Fahrdraht für Abspannfeld Montagelehre
H0	Vollmer	Radspannwerk	Turmmast mit Ausleger ja	ja	Fahrdraht für Ellokschuppen und Kasten-brücke Lampenimitation für Turmmast, Kreuzungs- und Doppelkreuzungsstücke Ausgleichs- und Unterbrecherstück
	Sommerfeldt	Hebespannwerk mit Feder	K, L	ja	Mast mit Doppelausleger Fahrdrahttrenner, Fahrdraht für Abspannfeld Einzelmast für Bogenabzug Y-Beiseil

Turmmast Höhe in mm	Fahrdraht Länge in mm Ausführung	Verlegung	Quertragwerk Anzahl der Gleise Ausführung	Baugröße	Hersteller
79	Gummifaden als Fahrdraht	im Zickzack	3 − 9 Querseil Gummifaden Richtseile Draht Hänger Kunststoff	N	Arnold
79	90, 105, 135, 145, 200 weicher Draht Ø 0,5 vernickelt	im Zickzack	2 − 6 Richtseile Draht Ø 0,7 Querseil Gummifaden Hänger Kunststoff		Vollmer
78	90, 105, 135, 145, 200 harter Draht Ø 0,5 verkupfert	im Zickzack verspannt	2 − 6 Richtseile, Querseile Draht Ø 0,7 Hänger Draht Ø 0,5		Sommerfeldt
150	100, 140, 190, 400 weicher Draht Ø 0,7 vernickelt	in Gleisachse	2 − 6 Richtseile Draht Ø 0,9 Querseil Gummifaden Hänger Kunststoff	H0	Vollmer
105 (Abspannmast), 140, 160, 200	180 − 500²) in 11 Stufen harter Draht Ø 0,5 verkupfert Hänger Ø 0,35	im Zickzack verspannt	2 − 10 Querseil und oberes Richtseil Draht Ø 1,0 unteres Richtseil Draht oder Zwirn Ø 0,7		Sommerfeldt

²) die 0,5 mm dünnen Fahrleitungen (ohne Ösen an den Enden) gibt es in Längen von 200, 260, 380 und 500 mm.

Für andere Baugrößen als N und H0 sind ebenfalls Oberleitungssysteme bzw. Masten im Angebot einiger Hersteller. Zum Beispiel liefert Märklin für seine Z-Bahn ein Fahrleitungssystem, Sommerfeldt bietet Systeme für die Baugröße 0 und für Fahrleitungen nach ausländischen Vorbildern an (F0, RhB, FS und SBB); siehe auch Tabelle „Einfach-Fahrleitungen".

Einfach-Fahrleitung für Straßen- und Lokalbahnen

Baugröße	Hersteller	Streckenmast	Bauart	Material der Maste
N	Arnold	mit 1 Ausleger¹) Doppelausleger	Überland- Straßenbahn	Kunststoff
	Sommerfeldt	mit 1 Ausleger Doppelausleger	Rohrmast ca. 1913	Stahl
H0	Sommerfeldt	mit 1 Ausleger Doppelausleger	Rohrmast ca. 1913	Stahl
IIm	Lehmann	mit 1 Ausleger	Gittermast	Kunststoff Ausleger Nirosta-Stahl

Baugröße	Hersteller	Fahrdraht Länge in mm	Quertragwerk	Verlegung	funktionsfähig
N	Sommerfeldt	Draht Ø 0,5	−	im Zickzack	ja
H0	Sommerfeldt	Draht Ø 0,7	für festverlegten Fahrdraht und Mastabstand von 250 mm Draht Ø 0,7	im Zickzack	ja
IIm	Lehmann	Draht Ø 1, 300, 315, 400, 600	−	im Zickzack	ja

¹) als Mastattrappen für N-Straßenbahnen und Überlandbahnen; funktionslose Oberleitung.

Bahner in diesem Punkt auf Dauer nicht vernachlässigen.

Wenn Sie nun aufmerksam Angebot, Daten und Materialstärken der einzelnen Fahrleitungs-Modellsysteme miteinander vergleichen (s. Tabellen bzw. Katalog-Informationen der Hersteller), so werden Sie feststellen, daß die Modellbahn-Industrie mit der Oberleitung längst noch nicht in allen Bereichen „auf Draht" ist. Dies liegt aber keineswegs ausschließlich am jeweiligen Unvermögen oder Unwillen der betreffenden Hersteller, sondern an den Grenzen, die die Fertigungstechnik für eine absolut vorbildgerechte Nachbildung der Fahrleitung setzt.

Deshalb abschließend nochmals der wohlgemeinte Rat für „Auch-Ellok-Fahrer": Beschränken Sie sich auf das Notwendigste, vermeiden Sie den „absoluten Drahtverhau" über Ihren Gleisanlagen und elektrifizieren Sie nur für den Ellokbetrieb unbedingt wichtige Gleise. Vermeiden Sie auch, wo immer möglich, augenfällige Sonderbauarten, Stromversorgungsattrappen und anderes Zubehör – die notwendige Fahrleitung soll optisch so unaufdringlich wie möglich wirken. Die exakte Kenntnis aller Vorbildsituationen erzeugt bei deren Nachbildung im Modell mit Sicherheit Frust – und den sollte man sich ersparen, meinen Sie nicht auch?

Fazit: Die Nachbildung einer exakt vorbildgerechten und gleichzeitig maßstäblichen Fahrleitung ist im Modell nicht möglich wegen der zwangsläufig erforderlichen Überdimensionierung der Fahrleitung. Beschränken Sie sich deshalb auf eine minimale und sinnvolle Verdrahtung, damit die elektrifizierten Strecken Ihrer Modellbahn-Anlage optisch nicht aus dem Rahmen der perfekten Modellgestaltung fallen.

Damit ist das Kapitel „Gleise, Weichen und Oberleitung" – zumindest für diese Broschüre – abgeschlossen. Natürlich gibt es zu jedem der angesprochenen Einzelthemen noch viel, viel mehr zu sagen und zu zeigen, aber ich glaube kaum, daß Sie ein mehrbändiges teures Werk zu diesem Thema kaufen wollen, dessen Aktualität von Jahr zu Jahr wegen ständiger technischer Weiterentwicklung nur zu schnell in Frage gestellt würde. In der vorliegenden Broschüre finden Sie dauerhafte Basis-Informationen neben aktuellem Stand des Angebots – das Rüstzeug für Ihre eigenen Entscheidungen und deren Umsetzen in die Modellbahn-Alltagspraxis. Ich hoffe, daß dieses Ziel erreicht wurde und wünsche Ihnen „Gute Fahrt" auf zukunftssicheren, soliden Gleisen und Weichen.

Wer liefert was?

Es ist sicherlich jedem Leser verständlich, daß im Rahmen dieser Broschüre nicht jedes Fabrikat und Zubehör ausführlich in Wort und Bild vorgestellt werden konnte – dazu reichte der Platz einfach nicht aus. Deshalb wurden einige Produkte stellvertretend für andere, gleichwertige, ausführlicher abgehandelt. Der Autor hat sich bemüht, wichtig erscheinende Fakten möglichst gleichwertig innerhalb der Produktpalette abzuhandeln.

Die folgende Produkt- und Herstellerübersicht versucht, alle für den Bereich Gleis- und Fahrleitungsbau bei Redaktionsschluß zur Verfügung stehenden Angebote zu berücksichtigen (ohne Anspruch auf Vollständigkeit). Wenn Sie von den hier aufgeführten Firmen Informationsmaterial nicht im Fachhandel erhalten, wenden Sie sich (unter Beifügen von Rückporto) direkt an den Hersteller; bedenken Sie aber dabei, daß Kataloge meist nicht kostenlos abgegeben werden (die jeweils geltenden Katalogpreise können Sie den Inseraten in den Modellbahn-Fachzeitschriften entnehmen), wohl aber Kurz-Informationen und Bezugsquellennachweise.

Die Anschriften bekannter Modellbahn-Hersteller mit eigenen Gleissystemen (z. B. Arnold, Bemo, Fleischmann, Märklin, Trix, Roco u. a.) sind hier nicht aufgeführt, da deren Kataloge und Informationsschriften im Fachhandel aufliegen, und diese Firmen ohnehin nicht direkt an den Endverbraucher liefern.

Bochmann & Kochendörfer
Postfach 100147, 7170 Schwäbisch Hall
H0-Bausätze für Untersuchungs- und Schlakkengruben zum Einbau in Gleise des Bw-Bereichs

b + s Bautechnik
Bracht und Strauch
Krebsstraße 2-8, 5600 Wuppertal 2
elastischer Schotterkleber, Gleisbettungsmaterial aus leichtem, feinporigem Hartschaummaterial

Brawa
Artur Braun
7050 Waiblingen
Historische Prellböcke (H0 + N) der Epoche 1 und 2

Busch Modellspielwaren
Postfach 1260, 6806 Viernheim
Heller Quarz-Schotter (H0 + N), eingefärbter Gleis-Steinschotter, staubfrei (H0, N, Z), zweiseitig selbstklebendes Schotterband aus geräuschdämmendem Moosgummi, mit Schottermischung (H0, N, Z)

Gebr. Faller GmbH
7741 Gütersloh
Korkgleisbettung (H0 + N), Gleisschotter aus staubfreiem, körnigem Granulat (H0, N, Z)

Ferro Suisse
Postfach, CH-9643 Krummenau
H0m- und 0m-Bausatzangebot für komplettes Schmalspurgleissystem

Fulgurex
Avenue de Rumine, CH-1001 Lausanne
elektromagnetischer und elektromotorischer Weichenantrieb, Fulgurex/Shinohara-Gleissystem für alle gängigen Spurweiten (auch US-Schmalspur)

Hartel electric GmbH
Am Kirschberg 18, 8702 Gerbrunn
H0-Conrad-Schotterbettgleissystem, H0-Straßenbahn-Gleissystem, elektromagnetische Entkuppler

Hegob-Modellbahn GmbH
Erasmusstr. 15, 4000 Düsseldorf 1
Fertig- und Bausatzgleissystem für Baugröße 0 (Spurweite 32 mm) und Baugröße 1 (Spurweite 45 mm)

Heki Kittler GmbH
7550 Rastatt-Wintersdorf
Korkgleisbettungen für die Baugrößen H0, N und Z. Natursteinschotter und Korkschotter für H0- und N-Gleise

Hermann Heless
Teschnergasse 20/1/17, A-1180 Wien
Hersteller von Modell-Oberleitungen und der H0-Radsatz/Gleis-Lehre nach NEM

Herkat
K. Herbst
Schloßbäckerstr. 18, 8500 Nürnberg 70
Deutschland-Vertrieb des schwedischen Jomo-Jigs-Gleisbausystems (Code 70 mit aufzuklebenden Profilen, Weichenbau mit vorgegebenen Montageschablonen); Kork/Gummi-Gleisbettungen (H0 + N), H0-Universalentkuppler für Unterflureinbau (H0 + N), motorischer Weichenantrieb (weitgehend baugleich mit Bemo), elastischer Kleber für Gleisbefestigung, Zubehör

Kibri Spielwarenfabrik GmbH
Postfach 1540, 7030 Böblingen
Korkschotter verschiedener Körnung und Einfärbung (H0, N, Z), Schottergranulat H0 in verschiedener Körnung und Färbung

W. Kramer
A. d. Hattorfer Teichen 1, 3180 Wolfsburg
Schienenstühle für Code-55-Profile (Ms-Guß), Bauteile für preußische 1:9-Weichen, Oldtimer Prellböcke

J. u. H. Krause
Gernotstraße 5, 5030 Hürth
Gleisbauklammern für die einfache und genaue Montage von Flexgleisen

Magnus Modelleisenbahnfabrikation
Chr. Höhne, 8011 Putzbrunn
Schotterbett-Gleissystem für Baugröße II (Spurweite 64 mm) und Dreischienen-Gleissystem für Baugröße II/IIm (64/45 mm)

Merkur Eisenbahn + Modellbau GmbH
Gewerbestraße 5, 7801 Hertheim-Feldkirch
Styroplast-Schotterbettung für alle gängigen Industriegleise (H0, N, Z)

Josef Mössmer
Schaumstoffverarbeitung
Bechlingen 34, 7992 Tettnang 1
Schaumstoff-Gleisbettungskörper für alle Baugrößen und Industrie-Gleissysteme, dazu passendes Schotterset

Norbert Neff
Ingenieurbüro
Nuthestr. 34, 1000 Berlin 49
Oberleitungszubehör („Spinne")

NMW Modellbau
Reinhold Bachmann,
Sonnenplatz 2, 8670 Hof
elektromotorische Weichenantriebe (mit Laternen), Gleissperren H0, Attrappen für Rollenkästen, Ablenkungen und Kanäle, Gleisabstandslehren für N + H0, Spannwerke

Noch GmbH + Co.
Postfach 156, 7988 Wangen
Schottergleisbettsystem für LGB-Gleise, Korkschotter-Sortimente, Schaumstoffbettung für Märklin-M-Gleise (zur Geräuschdämmung), flexibles Schaumstoff-Schottergleisbett (oberseitige Klebeschicht) für H0 und N, Zubehör

Old Pullman
Postfach 126, CH-8712 Stäfa
Gleis- und Weichenbausortiment H0 und 0 (auch Schmalspur), Shinohara-Gleissystem-Vertrieb, Weichenantriebe, Korkgleisbettungen, Zubehör

Peco
Deutschlandvertrieb: R. Schreiber, 8510 Fürth/Bay.
Fertiggleissysteme für Spur 0, H0, H0e und N, Weichenantrieb (für Unterflur-Steckbefestigung), Zubehör

Repa Modelleisenbahnzubehör
4791 Altenbeken
elektromagnetische und motorische Weichenantriebe, Attrappen für Antriebskästen, Seilzugführungen, Kanalstücke, Anschlußkästen u.a., elektromagnetischer Unterflur-Entkuppler (für alle H0-Systeme), Weichenbausätze für Spur 0 (32 mm)

Martin Schneider KG
Stuttgarter Str. 167, 7336 Uhingen
Korkschotter in grober und feiner Ausführung

Hobby-Ecke Schuhmacher
Lerchenhofstr. 18, 7141 Steinheim 2
Komplette Bausatzangebote für den Gleisbau (Code 55, 70 und 83) in allen Baugrößen (Z bis H0, auch Schmalspur), Korkgleisbettungen, Schotter u.a. Zubehör für den Gleisbau

Johann Schullern (vorm. Nemec)
Postfach 2148, 8228 Freilassing
Komplettangebot für Gleis- und Weichenbausätze in den Spurweiten I, 0, H0

Sommerfeldt GmbH
Friedhofstr. 42, 7321 Hattenhofen
Modellstromabnehmer für Elloks, komplette Oberleitungssysteme für Modellbahnen der gängigen Baugrößen in stabiler Metallausführung, NEM-Lichtraumprofillehre, H0-Montagelehre für Oberleitungen

Vollmer GmbH
Porschestr. 25, 7000 Stuttgart 40
komplette Oberleitungssysteme für die Baugrößen H0 und N; Attrappen für Seilzüge, Kanäle usw. (H0), Zubehör

Weinert Modellbau
Mittelwendung 7, 2803 Weyhe-Dreyhe
Attrappen für Seilzugrollenhalter, Blechkanäle, Druckrollenkästen, Weichenantriebsgehäuse, Spannwerke u. a. Streckenzubehör

Rolf Witzschel
Schulerburgstr. 21, 7320 Göppingen
Kork- und Steinschotter verschiedener Ausführung